国家示范性高等职业院校课程改革教材

Gongcheng Yantuxue

工程岩土学

（道路桥梁工程技术专业用）

李　波　主编

欧阳伟　董天文　主审

人民交通出版社

内 容 提 要

本书是国家示范性高等职业院校课程改革教材。以项目引导的方式学习工作过程、技术实践知识和技术理论知识,实现工作与学习的整合,理论与实践的整合,专业能力、方法能力和社会能力的整合。全书共设置8个相对独立的学习情境,分别是:鉴别岩石,地质识图,地貌与地下水的调查,地质灾害调查,土的工程性质检测,土中应力分析,土的压缩性与地基沉降计算,土的抗剪强度测定及应用。

本书是高职高专院校道路桥梁工程技术专业教学用书,也可供相关专业教学使用,或供有关工程技术人员学习参考。

图书在版编目(CIP)数据

工程岩土学/李波主编 .—北京:人民交通出版社,
2009.12

ISBN 978 - 7 - 114 - 08042 - 5

Ⅰ.工… Ⅱ.李… Ⅲ.岩土工程 Ⅳ.TU4

中国版本图书馆 CIP 数据核字(2009)第 203407 号

国家示范性高等职业院校课程改革教材

书　　名:工程岩土学(道路桥梁工程技术专业用)
著 作 者:李　波
责任编辑:周往莲
出版发行:人民交通出版社
地　　址:(100011)北京市朝阳区安定门外外馆斜街 3 号
网　　址:http://www.ccpress.com.cn
销售电话:(010)59757973
总 经 销:人民交通出版社发行部
经　　销:各地新华书店
印　　刷:北京虎彩文化传播有限公司
开　　本:787×1092　1/16
印　　张:8.75
字　　数:211 千
版　　次:2009 年 12 月第 1 版
印　　次:2021 年 8 月第 4 次印刷
书　　号:ISBN 978-7-114-08042-5
定　　价:25.00 元

道路桥梁工程技术专业课程改革教材
编审委员会

序　言

教育部《关于全面提高高等职业教育教学质量的若干意见》(教高[2006]16号)明确指出:"高等职业教育作为高等教育发展中的一个类型,肩负着培养面向生产、建设、服务和管理第一线需要的高技能人才的使命"。探索类型发展道路、构建高技能人才培养模式、开发特色教学资源,是高职院校的历史责任。

2006年,辽宁省交通高等专科学校进入国家首批高等职业教育示范院校建设行列,道路桥梁工程技术专业是重点建设专业之一。几年来,该专业团队积极在"类型"概念下探索高等职业教育教学资源建设模式和"高技能人才"培养规格及培养模式。通过对公路建设工程整个过程各阶段的职业岗位和典型工作任务的调研、分析、论证,确定了面向施工一线的道路桥梁工程技术专业高技能人才的专业能力规格,即工程勘察与初步道桥设计、工程概算与招投标、材料试验与检测、道桥工程施工与组织、质量验收与评定"五项能力"规格,并结合北方地域气候特点,构建了教学安排与施工季节相结合,教学内容与施工过程相结合,校内实训与企业顶岗实习相结合的"三个结合"人才培养模式。针对"五项能力",按照"三个结合",着眼于实际操作、技术跟踪和综合素质的提高,系统开展课程体系、课程内容改革,并进行相应的教学资源建设,力图通过"在学习中工作,在工作中学习"的教学过程,实现高技能人才的培养目标。

本次出版的系列教材,是专业课程改革和教学资源建设的阶段性成果,是国家示范性建设成果的组成部分,也是全体专业教师、一线工程技术人员共同的智慧结晶和劳动成果。

在教材的开发过程中,得到教育部、国家示范性高等职业院校建设工作协作委员会、辽宁省教育厅等各级领导和诸多专家的关心指导,得到众多企业、行业及兄弟院校的大力支持,在此一并致以崇高的谢意!

由于开发时间短,教学检验尚不充分,错误和不当之处难免,敬请专家、同行指教!

道路桥梁工程技术专业教材开发组

二○○九年四月

前　言

　　本教材是配合国家高等职业教育示范性学校建设,在校企合作、工学结合的人才培养模式框架指导下,构建基于工作过程导向的课程改革而编写的。本教材从内容和难度上充分考虑了高职高专学生的知识基础和路桥专业的要求,结合路桥专业的知识体系和基本技能,尽量做到与路桥主干专业课相衔接,为后续的基础工程、路基路面工程、桥梁工程、公路勘测设计等课程提供必要的相关知识。

　　教材共分 8 个学习情境,通过学习情境中的不同学习或工作项目使学生掌握一定的基本技能。

　　在各学习情境中,首先强调了该情境的学习目标,学习目标又分为知识目标和技能目标。为了加强学生对学习情境的理解和学习,在每个学习情境中还设立了"情境导入","知识检验","实战演练","要领提示"等栏目,使得学习变得生动有趣,提高了学习的目的性。

　　本门课程的先修课程为工程力学、测量学。

　　本书由辽宁省交通高等专科学校李波担任主编并编写学习情境 1 ~ 6,学习情境 7、8 由李晶编写。

　　本教材在编写过程中得到了辽宁省交通高等专科学校道桥系有关领导和同事的大力支持,在此表示感谢。

　　由于时间比较仓促,本教材肯定会有不妥和错误之处,恳请读者批评指正。

编　者
2009 年 5 月

目　　录

鉴别岩石

情境导入

地壳的主体是由什么物质构成的呢？是由岩石构成的！岩石在道桥工程中作为天然的建筑材料被广泛使用,道路、桥梁的基础也都是建在天然的岩石或土层上,另外地表的岩石或土层也是道桥工程的周围环境介质,对道桥工程的影响也很大。

道桥工程的设计、施工、监理或工程管理人员都要经常接触到各类岩石,因此,能够借助简单的工具或用肉眼鉴别一些常见的岩石是十分必要的。

学习目标

【知识目标】

1. 掌握地质作用的概念和作用的形式;
2. 掌握矿物的概念和常见造岩矿物的鉴定特征;
3. 掌握岩石的概念,岩石的分类、结构、构造,常见岩石的种类和鉴定特征;
4. 了解测定岩石工程性质的试验项目内容。

【能力目标】

1. 具有肉眼鉴定常见造岩矿物的能力;
2. 具有肉眼鉴定常见岩石种类的能力。

了解地质作用

知识导入 岩石是怎么形成的呢？答案是在各种地质作用中形成的。所以，在学习如何鉴别岩石之前我们首先要学习地质作用的知识。

一、地质作用的概念

地质作用是指由自然动力所引起的，地壳的物质组成、内部结构、外部状态不断发展、变化的作用。构成地壳主体的岩石、地表的高低起伏形态和地壳内部的构造都是由各种地质作用形成的。换言之，所有的地质体都是地质作用的产物，所有的地质现象都是地质作用的表现形式。

二、地质作用的形式

1. 内力地质作用

地质作用的形成需要大量的能量。形成地质作用的动力来源分为两种：一是来自于地球内部的能量，称为内能，比如旋转能。地幔的岩浆属于流体，在地球旋转过程中产生能量。二是地球内部存在很多放射性物质，它们在衰变过程中释放大量的能量。另外还有由于结晶化学能和存在于地球内部的大量能量分布并不均匀，在重新分配过程中形成的地质作用（被称为内动力地质作用，简称内力作用）。内力作用有以下三种作用形式。

1）地壳运动

地壳运动是指地壳岩石圈发生变形、变位（如弯曲、错断等）的作用，如图 1-1 所示。

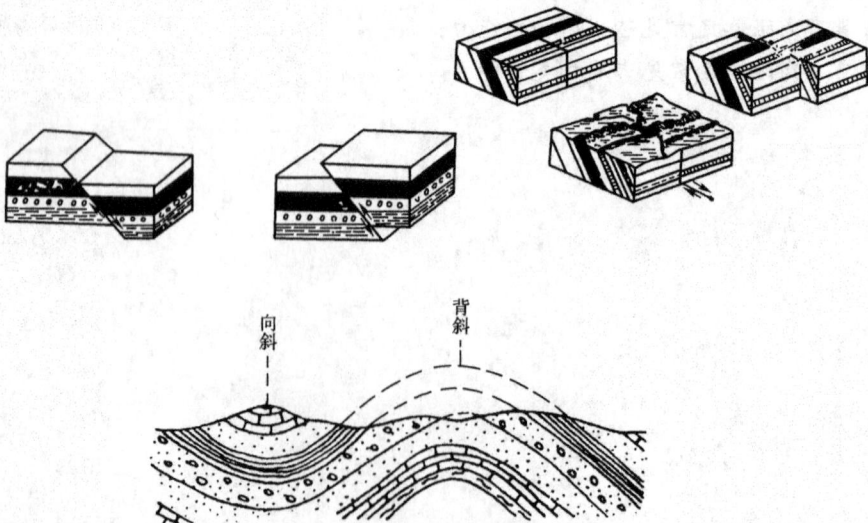

图 1-1 岩层错断、弯曲示意图

残留在岩层中的这些变形、变位的久永遗迹称为地质构造。所以地壳运动也称为构造运动。它使岩层产生褶皱、断裂，形成裂谷、盆地及褶皱山系。

2）岩浆作用

岩浆作用是指来自于地幔高温、高压的岩浆向着温度、压力减小的方向运移,温度、压力逐渐减小直至其中矿物结晶出来,冷凝成为坚硬的岩石的过程,如图1-2所示。

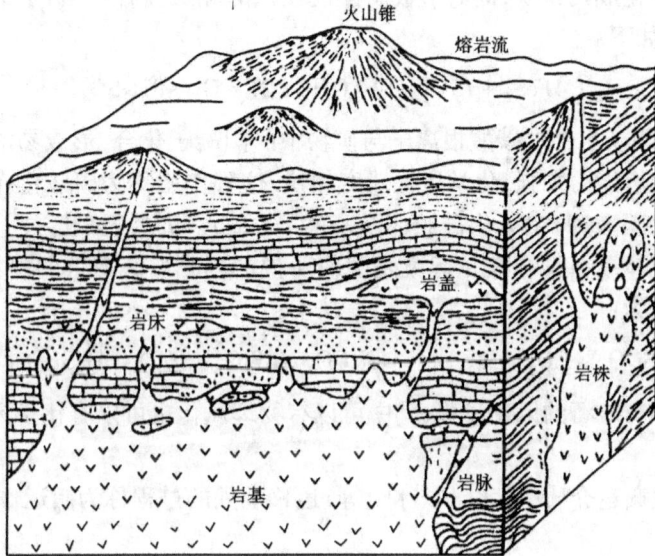

图1-2 岩浆作用示意图

岩浆未喷出地表,而是侵入到岩层之中称为侵入作用。喷出地表称为喷发作用,也就是我们所比较熟悉的火山喷发现象。

3）变质作用

变质作用是指受地壳运动或岩浆作用的影响,地壳岩石圈局部的岩石发生重结晶过程,从原来的岩石转变成为另外一种岩石的过程。受地壳运动影响而发生的变质区域范围大,被称为区域变质作用。而受岩浆作用影响而发生的变质作用,一般只发生在与岩浆接触的部位,所以被称为接触变质作用。

2. 外力地质作用

来自于地球外部的能量主要是太阳的辐射能和日、月的引力能,也可以形成地质作用,称为外动力地质作用,简称外力作用。按作用的过程分,有以下几种形式。

1）风化作用

地壳表层的岩石在温度、水以及生物活动等风化营力作用影响下,发生机械的破碎和化学分解,使岩石逐渐发生破坏的过程称为风化作用。它是自然界一种最普遍的地质现象。岩石只发生机械的分解而没有发生化学成分的变化称为物理风化。温差产生的热胀冷缩、生物的破坏等都可以形成物理风化。发生化学成分上的变化称为化学风化。化学风化后的产物一般颗粒都比较细小,是构成土的主要成分,所以,地表覆盖的各种土层都是岩石风化形成的。常见的化学风化作用有溶解作用、水化作用、氧化作用和碳酸化作用等。

（1）溶解作用 水或水溶液直接溶解岩石中矿物的作用称为溶解作用。由于岩石中可溶解物质被溶解流失,致使岩石孔隙增加,降低了颗粒之间的联系,更易于遭受物理风化。如石灰岩容易被含侵蚀性二氧化碳的水溶解,其反应式如下:

$$CaCO_3 + H_2O + CO_2 \longrightarrow Ca(HCO_3)_2$$

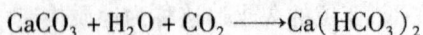

（2）水化作用　岩石中的某些矿物与水化合形成新的矿物，称为水化作用。如硬石膏（$CaSO_4$）吸水后生成石膏（$CaSO_4 \cdot 2H_2O$），体积膨胀 1.5 倍，产生压力，导致岩石破裂。

（3）氧化作用　岩石中的某些矿物与大气或水中的氧化合形成新矿物，称为氧化作用。如常见的黄铁矿氧化成褐铁矿，同时形成腐蚀性较强的硫酸，腐蚀岩石中的其他矿物，致使岩石破坏，其反应式如下：

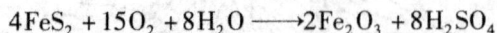

$$4FeS_2 + 15O_2 + 8H_2O \longrightarrow 2Fe_2O_3 + 8H_2SO_4$$

（4）碳酸化作用　水中的碳酸根离子与矿物中的阳离子化合，形成易溶于水的碳酸盐，使水溶液对矿物的离解能力加强，化学风化速度加快，这种作用称为碳酸化作用。例如，正长石经碳酸化作用形成碳酸钾、二氧化硅胶体及高岭石（土）。高岭石（土）是烧制瓷器的主要原料。而二氧化硅胶体重新聚合在一起就是我们所说的玛瑙石。南京的雨花石就是玛瑙的一种。其化学反应为：

$$2KAlSi_3O_8 + CO_2 + 3H_2O \longrightarrow K_2CO_3 + 4SiO_2 \cdot H_2O + Al_2Si_2O_5(OH)_4$$

生物也可以参与岩石的风化过程，其中可以有物理风化也可以有化学风化。

2）搬运作用

风化的产物被搬运介质（流水、风、冰川等）运移他处的过程称为搬运作用。

3）沉积作用

由于搬运介质动力的改变或环境的改变，被搬运物在他处重新堆积起来的过程称为沉积作用。地表很多是被各种类型的沉积物或风化物所覆盖，这是我们很少见到直接裸露的岩石的原因，也是植物生长茂盛的条件。

4）沉积成岩作用

沉积层增厚，经过压实、脱水，再被后来的胶体物质胶结，重新成为坚硬岩石的过程。地表大部分是被这种类型的岩石所覆盖的。

外力作用按地质营力也可以分为流水地质作用、海洋地质作用、冰川地质作用、重力地质作用等。

在地壳的发展变化过程中，内力作用形成地表的基本格架、基本起伏，外力作用进行后期的加工修改，削高补低，二者互为对立又互为统一。

项目二

认识常见的造岩矿物

知识导入　我们在学习地质作用内容中了解到，岩石是在这些不同的地质作用中形成的。而岩石是由各种不同的矿物组成的。所以，我们要完成鉴别岩石的任务必须还要先来了解矿物的基本知识，掌握各种不同矿物的鉴定特征。

一、矿物的基本知识

1. 矿物的概念及分类

矿物是指自然形成的、具有一定的化学成分和物理性质的单质元素或化合物。目前,已被人类所认识的矿物大约有 3 300 多种。虽然矿物的种类很多,但是构成地壳岩石 99% 以上的矿物大约有 50 多种,我们称之为造岩矿物。其中比较常见的大约有十几种。

矿物的分类按成因分为原生矿物、次生矿物、变质矿物。另外也可以按化学成分分类。

(1)原生矿物是指在岩浆作用中形成的矿物,完全都是硅酸盐类矿物,岩浆就是各种硅酸盐的熔融体。地壳岩石中硅酸盐类矿物占绝大部分。

(2)次生矿物是指在地表常温、常压条件下经过化学作用形成的矿物,是构成土的主要成分。次生矿物又称黏土矿物,大约有十几种。

(3)变质矿物是指只有在变质作用中才能形成的矿物,在其他的地质作用中不能形成。

另外,矿物还有晶体和非晶体之分。晶体矿物内部的质点是按一定的格架有序排列的,而非晶体矿物内部质点排列是无序的,说明矿物没有结晶的过程。要认识岩石,就必须首先能鉴别出这些矿物。

2. 矿物的物理性质

矿物的主要特征是矿物的物理性质。矿物的主要物理性质有形态、颜色、光泽、硬度、解理(断口)条痕等。

1)形态

矿物由于形成时的环境的影响,可以是结晶的或是非结晶的。结晶的矿物由于受到内部晶格结构的控制,在外表上常呈现出一定的形态,这些形态可以作为鉴定矿物的依据,比如石英的晶体形态为六方双锥体,方解石为菱面体等(图 1-3)。矿物的形态通常有粒状、板状、片状、柱状、针状等。

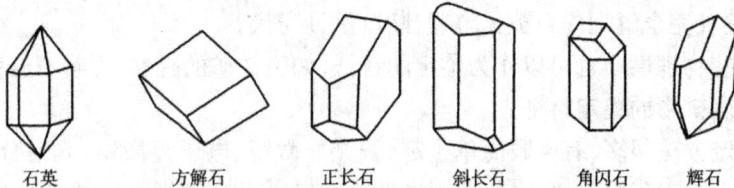

| 石英 | 方解石 | 正长石 | 斜长石 | 角闪石 | 辉石 |

图 1-3 矿物形态

2)颜色

颜色指矿物新鲜表面的颜色。某些矿物有特定的颜色,可以作为矿物鉴定的依据。但要注意,有时矿物所表现出来的颜色是其中所含杂质的颜色,比如天然的石英是无色透明的,但其中含铁离子就显红色,含铜离子显蓝色。这种颜色被称为假色,不具有鉴定的意义。按照矿物颜色的深浅把矿物分为以下几种:

(1)浅色矿物(白色、浅灰、粉红、黄色、红色等),如石英、长石、方解石等。

(2)暗色矿物(黑色、棕黑、黑绿、深灰等),如角闪石、辉石、橄榄石等。

3)光泽

光泽指矿物表面反射自然光的强度。光泽分为:

(1)金属光泽 类似金属光辉闪耀的光泽,如黄铁矿、闪锌矿等。

(2)非金属光泽 具有此种光泽的一般为浅色的非金属矿物,常见的有:

玻璃光泽:类似玻璃表面的光泽,如石英、长石。

丝绢光泽:反光如丝绸。纤维状矿物有这种光泽,如纤维石膏。

油脂光泽:类似脂肪一样的光泽。

珍珠光泽:类似贝壳内面的光泽,如云母、绢云母。

4)硬度

硬度指矿物新鲜表面抵抗外力刻画的能力,用摩氏硬度计来表示。

摩氏硬度计是选择矿物中最软到最硬的十种矿物,分别定为 1～10 度来比较,如表 1-1 所列。简单鉴定矿物硬度可用随身的带用品刻画来确定。

摩 氏 硬 度 计　　　　　　　　　　　表 1-1

硬度等级	矿物	代用品	硬度范围	硬度等级	矿物	代用品	硬度范围
1	滑石	铅笔	1	6	长石	玻璃	5～6
2	石膏	指甲	2～2.5	7	石英	瓷片	6～7
3	方解石	铜钥匙	2.5～3	8	黄玉		
4	萤石	铁钉	4	9	刚玉		
5	磷灰石	钢刀	5～5.5	10	金刚石		

5)解理

矿物在外力作用(敲打或挤压)下,严格沿着一定方向破裂成一系列光滑平面的性质称为矿物的解理。按解理面产生的难易程度不同,一般分为极完全解理、完全解理、中等解理、不完全解理、无解理(断口)。另外矿物解理的数量也不同,同一方向上的一系列解理面称为一组解理。

根据解理产生的难易程度和解理的数量来作为鉴定矿物的依据。如方解石为三组完全解理,云母为一组极完全解理。石英无解理,断口呈贝壳状。

其他的一些物理性质也可以作为鉴定的特征,如磁铁矿的磁性,方解石遇稀盐酸起泡等。

3. 常见造岩矿物的鉴定特征

矿物的鉴定方法很多,有肉眼简单鉴定,偏光显微镜、电子显微镜、光谱分析、X 衍射等鉴定方法。根据土木工程的需要,一般采用借助放大镜、小刀、铁锤等简单工具进行肉眼鉴定的方法。根据未知矿物的各种物理性质来分析,确定出矿物的名称。常见的造岩矿物的各种物理性质见表 1-2。

常见的造岩矿物物理性质简表　　　　　　　　　　　表 1-2

矿物名称及化学成分	形　　状	物 理 性 质				主要鉴定特征
		颜色	光泽	硬度	解理、断口	
石英 SiO_2	六方柱状或粒状、块状	无色、乳白或其他色	断口油脂光泽	7	无解理,贝壳状断口	形状,硬度
正长石 $K[AlSi_3O_8]$	短柱状、板状、粒状	肉红色、浅玫瑰	玻璃光泽	6	二组正交的完全解理	解理,颜色
斜长石 $Na[AlSi_3O_8]Ca$ $[Al_2Si_2O_8]$	长柱状、板条状	白色或灰白色	玻璃光泽	6	二组斜交的完全解理	颜色,解理面有细条纹

矿物名称及化学成分	形状	物理性质				主要鉴定特征
		颜色	光泽	硬度	解理、断口	
白云母 $KAl_2[AlSi_3O_{10}][OH]_2$	板状、片状	无色、灰白至浅灰色	玻璃或珍珠光泽	2	一组极完全解理	解理,薄片有弹性
黑云母 $K(MgFe)_3[AlSi_3O_{10}][OH]_2$	板状、片状	深褐、黑绿至黑色	玻璃或珍珠光泽	2.5~3	一组极完全解理	解理,颜色,薄片有弹性
角闪石 $(Ca、Na)(Mg、Fe)_4(Al、$	长柱状、纤维状	深绿至黑色	玻璃光泽	5.5~6	两组斜交的完全解理	形状
辉石 $(Na、Ca)(Mg、Fe、Al)[(Si、Al)_2O_6]$	短柱状、粒状	褐黑、棕黑至深黑色	玻璃光泽	5~6	两组正交的完全解理	形状
橄榄石 $(Fe、Mg)_2[SiO_4]$	粒状	橄榄绿、淡黄绿色	油脂或玻璃光泽	5~7	通常无解理,贝壳状断口	颜色,硬度
方解石 $CaCO_3$	菱面体、块状、粒状	白、灰白或其他色	玻璃光泽	3	三组完全解理	解理,遇盐酸强烈起泡
白云石 $CaMg[CO_3]_2$	菱面体、块状、粒状	灰白、淡红或淡黄色	玻璃光泽	3.5~4	三组完全解理,晶面常弯	解理,遇盐酸起泡微弱
石膏 $CaSO_4·2H_2O$	板状、条状、纤维状	无色、白色或灰白色	玻璃或丝绢光泽	2	一组完全解理	解理,硬度,薄片
高岭石 $Al_4\{Si_4O_{10}\}[OH]_8$	鳞片状、细粒状	白、灰白或其他色	土状光泽	1	一组完全解理	性软,黏手,具可塑性
滑石 $Mg_3[Si_4O_{10}][OH]_2$	片状、块状	白、淡黄淡绿或浅灰色	蜡状或珍珠光泽	1	一组完全解理	颜色,硬度,触抚有油腻感
绿泥石 $(Mg、Fe)_5Al[AlSi_3O_{10}]$	片状、土状	深绿色	珍珠光泽	2~2.5	一组完全解理	颜色,薄片无弹性,有挠性
蛇纹石 $Mg_6[Si_4O_{10}][OH]_8$	块状、片状、纤维状	淡黄绿、淡绿或淡黄色	蜡状或丝绢光泽	3~3.5	无解理,贝壳状断口	颜色,光泽
石榴子石 $(Mg、Fe、Mn、Ca)_3(Al、Fe、Cr)_2[SiO_4]_3$	菱形十二面体、二十四面	棕、棕红或黑红色	玻璃光泽	6.5~7	无解理,不规则断口	形状,颜色,硬度
黄铁矿 FeS_2	立方体、粒状	浅黄铜色	金属光泽	6~6.5	贝壳状或不规则断口	形状,颜色,光泽

要领提示 鉴定矿物能力的培养是一个从理性认识到感性认识,再回到理性认识的过程。首先,学习者要了解所要鉴定的矿物的物理性质,也就是它的鉴定特征,然后通过实际训练,加深对矿物的鉴定特征的认识和理解,达到完全掌握。在实际矿物鉴定的过程中,分析出未知矿物的各种物理性质,根据已认知的各种矿物的鉴定特征,进行比较,确定矿物的名称。对于道路工程人员,只需要了解常见的造岩矿物中主要的种类就可以了。

鉴定常见的岩石

知识导入 为什么我们要学习鉴定岩石呢? 它和公路建设有什么关系呢? 岩石在道路工程中可作为天然的建筑材料、地基基础和建筑物的环境介质,作为公路建设的专业技术人员应具备一定的岩石鉴定能力。

一、岩石的基本知识

1.岩石的概念与分类

1)岩石的概念

岩石是自然形成的一种或多种矿物的集合体。

2)岩石的分类

按成因可将地壳中的岩石分为三大类:岩浆岩类、沉积岩类和变质岩类。

根据地球发展的历史,一般认为地壳最初由岩浆冷凝而成,把岩浆岩称为原生岩石。尔后,有了大气和水,在地质外力作用下形成了沉积岩。已经形成的岩浆岩和沉积岩又在内动力地质作用下,导致成分和结构上的变化而形成变质岩。因此,沉积岩和变质岩又称为次生岩石。

2.岩石的结构与构造

岩石的结构和构造反映矿物聚合成岩石的组合方式。其中,结构是指岩石中矿物颗粒本身的大小、形状等特点和颗粒间连接的方式。构造是指岩石中矿物群体分布、排列等特点。三大类岩石的结构和构造的名称是不同的。岩石的结构和构造的不同,代表了岩石成岩的过程和成岩环境的不同。

3.岩石的矿物成分

岩石中的矿物成分按所占比例分为主要成分、次要成分和微量成分,其中,前两者对岩石(土)的定名具有意义。

4.岩石的鉴定依据

岩石是根据岩石的矿物成分和结构、构造三个方面的特征来鉴定的。

二、岩浆岩

岩浆岩又称火成岩,是由岩浆冷凝固结后形成的岩石。岩浆位于地幔和地壳深处,是以硅酸盐为主和一部分金属硫化物、氧化物、水蒸气及其他挥发性物质(CO_2、CO、SO_2 等)组成的高温、高压熔融体。当温度、压力下降,熔点高的暗色矿物(橄榄石、辉石、角闪石)首先结晶出来,随温度的继续下降,浅色矿物(石英、长石、云母)开始结晶。这一过程称为岩浆分异。所以岩浆可以分异为基性岩浆和酸性岩浆两大类。基性岩浆富含钙、铁、镁氧化物,而钠、钾氧化物含量较少,黏性小、流动性大。酸性岩浆富含钾、钠氧化物和硅,而铁、镁和钙的氧化物较少,黏性较大,流动性小。岩浆沿地壳运动形成的地壳薄弱地带上升。其中侵入到周围岩层(简称围岩)中形成的岩浆岩称为侵入岩。侵入岩又可分为深成岩(形成深度大于3km)和浅成岩(形成深度小于3km)。喷出地表的岩浆没有结晶,直接冷凝成岩的称为喷出岩。

地幔中的岩浆的成分都是基本相同的,由于成岩环境的不同和岩浆分异过程不同形成了千差万别的岩浆岩种类。

1. 岩浆岩的分类

(1)按 SiO_2 百分含量将岩浆岩分为四大类型:酸性岩、中性岩、基性岩、超基性岩。

酸性岩($SiO_2 > 65\%$),主要矿物成分为石英、正长石云母等浅色矿物,次要矿物成分为角闪石等深色矿物。

中性岩(SiO_2:$65\% \sim 52\%$),石英含量极少或不含,以长石类与角闪石共生。

基性岩(SiO_2:$52\% \sim 45\%$),无石英与正长石或极少,以斜长石与辉石共生。

超基性岩($SiO_2 < 45\%$),长石类和角闪石极少见,无石英,以橄榄石和辉石共生。

(2)按产状分为侵入岩(深成岩、浅成岩)、喷出岩。

2. 岩浆岩的结构、构造

岩浆岩的结构、构造是岩石成岩环境的反映。换言之,不同的成岩部位,侵入岩(深成岩、浅成岩)、喷出岩,其岩石的结构不同。

1)常见岩浆岩的结构(图1-4)

(1)等粒结构　岩石中矿物颗粒的结晶程度相同,颗粒大小相等,是深成岩所具有的结构。

(2)斑状结构　岩石中矿物颗粒相差甚大的矿物颗粒,其大晶粒散布在细小晶粒中,称为斑晶,细小的叫基质。基质为隐晶质及玻璃质的,称为斑状结构;基质为显晶质的则称为似斑状结构。

(3)玻璃质结构　因岩浆喷出地表,温度、压力骤然下降,冷凝快,岩石来不及结晶所致,如黑耀岩、浮岩等,岩石几乎全部由非晶质所组成。

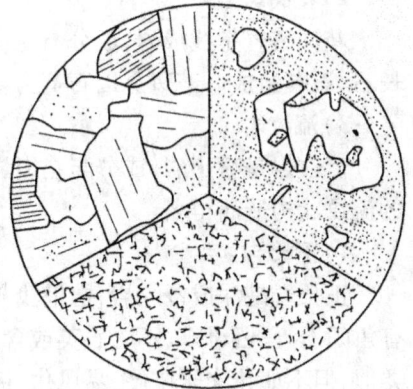

图1-4　岩浆岩的结构

2)岩浆岩的构造

(1)块状构造　岩石中矿物均匀分布,是侵入岩(深成岩、浅成岩)所具有的结构。

(2)不均匀构造　岩石中矿物分布不均匀,是喷出岩所特有的构造,常见的有:

流纹构造——酸性的岩浆喷出地表后产生流动,造成不同颜色的矿物、拉长的气孔等沿熔岩流动方向作平行排列所形成的一种流动构造。

气孔构造、杏仁构造——岩浆喷出地表后,岩浆中的气体呈气泡逸出,冷凝后在岩石中保留了气孔的形态。气孔被方解石、沸石、蛋白石等次生矿物充填。

3. 岩浆岩中常见种类的鉴定特征

要领提示　矿岩石的鉴定依据是矿物成分(主要成分、次要成分)和结构、构造。要具备鉴定常见岩浆岩的能力,就要首先掌握常见岩浆岩的鉴定特征,然后通过大量的实际训练,加深对岩石的鉴定特征的认识和理解,达到完全掌握。在实际鉴定岩石的过程中,分析出未知岩石的主要矿物成分和次要矿物成分以及岩石结构、构造,根据已认知的岩浆岩的鉴定特征,进行比较,确定出岩石的名称。常见岩浆岩的鉴定特征见表1-3。

常见岩浆岩的鉴定特征 表1-3

成岩环境				SiO_2 的含量 65%	65% ~52%		52% ~40%	40%
	主要矿物成分			酸性岩	中性岩		基性岩	超基性岩
	产状	结构	构造	石英、正长石、云母、角闪石	黑云母、正长石、角闪石	角闪石、辉石、黑云母	辉石、角闪石、黑云母	橄榄石、辉石
	深成岩	等粒结构	块状构造	花岗岩	正长岩	闪长岩	辉长岩	橄榄岩、辉岩
	浅成岩	斑状结构	块状构造	花岗斑岩	正长斑岩	闪长斑岩	辉绿岩	极少见
	喷出岩	玻璃质	气孔构造	流纹岩	粗面岩	安山岩	玄武岩	极少见

1)花岗岩

花岗岩是深成侵入岩,多呈肉红色、浅灰色。其主要矿物为钾长石、石英和酸性斜长石,以中、粗粒结构为主,致密坚硬,孔隙率小,透水性弱,抗水性强。次要矿物为黑云母、角闪石等,全晶质等粒状结构,块状构造,岩性一般较均一。

2)花岗斑岩

花岗斑岩是浅成岩,成分与花岗岩相同,但具斑状或似斑状结构,斑晶和基质均主要由钾长石、石英组成。若斑晶以石英为主,则称为石英斑岩。

3)流纹岩

流纹岩是喷出岩,成分与花岗岩相当,以斑状结构为主,斑晶多为斜长石或石英。以典型的流纹状构造而得名。

4)正长岩

正长岩是深成侵入岩,常呈浅灰、肉红、浅灰红等色,其主要矿物成分为正长石,次要矿物有角闪石、黑云母等,不含石英或含量极少,等粒状结构,块状构造。其物理力学性质与花岗岩类似,但不如花岗岩坚硬,易风化,极少单独产出,主要与花岗岩等共生。

5)正长斑岩

正长斑岩是浅成侵入岩,成分与正长岩一样,所不同的是具斑状结构,斑晶主要是正长石,一般呈脉状产生。

6)粗面岩

粗面岩是喷出岩,成分与结构同正长斑岩,斑晶也是正长石,基质多为隐晶质,具细小孔隙,表面粗糙,因而取名。

7)闪长岩

闪长岩属深成侵入岩,呈灰色或浅绿灰色。主要矿物有中性斜长石和角闪石;次要的有黑云母或辉石;有的可能含极少量的石英,则称为石英闪长岩。全晶质等粒结构,角闪石多呈完好的长柱状晶体,块状构造。闪长岩结构致密,强度高,且具有较高的韧性和抗风化能力,是优质建筑石料。

8)闪长斑岩

闪长斑岩属浅成侵入岩,成分与闪长岩相当,具斑状结构,斑晶为中性斜长石,有时为角闪石,基质为他形晶细粒结构。

9）安山岩

安山岩属喷出岩,呈灰色、紫色或灰紫色,成分基本与闪长岩相同,斑状结构,斑晶为角闪石或偏基性斜长石,有时偶见黑云母斑晶。基质或玻璃质,块状构造,有的可见气孔或杏仁构造。安山岩以安第斯山的产出而命名,岩块致密,强度稍低于闪长岩。

10）辉长岩

辉长岩属深成侵入岩,灰黑、深灰或黑色,主要矿物为基性斜长岩和辉石,次要的有橄榄石和角闪石。辉石多呈短柱状晶体,斜长石呈窄长方板状晶体,全晶质等粒结构,块状构造。辉长岩强度较高,抗风化能力强。

11）辉绿岩

辉绿岩属浅成侵入岩,灰绿或黑绿色。成分与辉长岩相同,具特殊的辉绿结构(辉石充填于斜长石晶体格架的空隙中)。若不具辉绿结构,而呈斑状结构,则称辉长斑岩,斑晶为辉石和斜长石。辉绿岩是一种具有高度耐磨性和耐腐蚀性的材料。

12）玄武岩

玄武岩是喷出岩,灰黑色、黑色。成分与辉长岩相似,隐晶质和细晶结构,也有斑状结构,常具有气孔构造、杏仁构造及六方柱节理。

玄武岩致密坚硬、强度很高,是常用的路用天然建筑材料,地表少见,故价格较高。

13）橄榄岩

橄榄岩属深成侵入岩,深绿色或黑绿色,主要矿物为橄榄石、辉石,次要的有角闪石,全晶质中、粗等粒结构。若完全由橄榄石组成的称为纯橄榄岩。因橄榄石很容易蚀变而成蛇纹石,故常见的橄榄岩均已蛇纹石化,且强度较低。

三、沉积岩

沉积岩是指在一系列的外力地质作用过程中,由岩石风化的碎屑、溶液析出物或有机物在常温、常压条件下,堆积形成的次生层状岩石,在地表广泛分布(75%),是地基中最常见的岩石,也是建筑材料的重要来源。沉积岩的组成物质复杂,风化物中有岩石的碎屑、分离出的单体矿物(石英颗粒)、黏土矿物、动植物的化石以及高溶解性的化学沉积矿物等。沉积岩在地壳中总的含量为5%,但在地表却广泛分布,比其他岩石多见。

1. 沉积岩的分类

由于组成沉积岩的物质很复杂,所以沉积岩的分类是根据成岩的过程不同进行分类的。

1）碎屑岩类(机械沉积岩)

碎屑岩类是指经过风化、搬运、沉积、沉积成岩等一系列外动力的作用所形成的岩石。在这类岩石中,按碎屑物的颗粒大小不同可以进一步分为砾岩、砂岩、粉砂岩、泥岩(页岩)等。

2）化学沉积岩类

化学沉积岩类是从富含各类易溶盐的溶液中经过蒸发、沉淀而形成的岩石,或是由生物参与沉积作用形成的岩石。易溶盐主要有方解石、白云石、石膏、岩盐、铁和锰的氧化物等。主要的岩石种类有石灰岩、泥灰岩、白云岩、岩盐、石膏等。

2. 沉积岩的结构与构造

1)沉积岩的结构

（1）碎屑结构　是碎屑物质被胶结物黏结起来而形成的一种结构，为碎屑岩类所特有的结构。按碎屑粒径大小，将碎屑结构分为如表1-4所示的几种结构。

胶结物的性质及胶结类型，对碎屑岩类的物理力学性质有显著的影响。胶结物主要是碎屑颗粒沉积后滞留或环流于颗粒之间的空隙溶液中的溶解物经化学作用沉淀而成。

碎屑结构与岩石命名对照表　　　　　　　　　　表1-4

结　　　构	砾状结构	砂状结构、粉砂状结构			泥质结构
		粗砂结构	中砂结构	细砂结构	
粒径(mm)	>2	2~0.5	0.5~0.25	0.25~0.074	<0.074
岩石命名	砾岩	粗砂岩	中砂岩	细砂岩	泥岩、页岩

常见的胶结物有以下几种：

硅质——胶结物成分为 SiO_2，颜色浅，岩性坚固，强度高，抗水性及抗风化性强。

铁质——胶结物成分为铁的氧化物，常呈红色或棕色，岩石强度次于硅质胶结构。

钙质——胶结物成分为 Ca、Mg 的碳酸盐，呈白灰、青灰等色，岩石较坚固，强度较大但性脆，具可溶性，遇盐酸起泡。

泥质——胶结物成分为黏土，多呈黄褐色，性质松软易破碎，遇水后易泡软松散。

石膏质——胶结物成分为 $CaSO_4$，硬度小，胶结不紧密。

（2）结晶结构　岩石中矿物颗粒之间为结晶连接，为化学、生物化学岩类所特有的结构，如石灰岩、白云岩等岩石的结构。

2)沉积岩的构造

（1）层理构造　层理是指沉积过程中由于沉积环境的改变，所引起的沉积物质的成分、颗粒大小、形状或颜色在垂直方向发生变化而显示成层的现象。层理是碎屑岩特有的构造，是沉积岩区别于其他类岩石的最主要标志。

根据层理的形态可将层理分为下列几种类型。

水平层理：指层与层之间彼此平行的层理，是在比较稳定的水动力条件下沉积而成。

单斜层理：是由一系列与层面斜交的细层组成的，由单向水流所造成的，多见于河床或滨海三角洲沉积物中。

交错层理：交错层理是由多组不同方向的斜层理互相交错重叠而成的，是由水流的运动方向频繁变化所造成的，多见于河流沉积层中。此外，还有波状层理等。

（2）块状构造　岩石中矿物均匀分布，是化学、生物化学岩类所具有的构造。

3. 常见沉积岩的种类

1)碎屑岩类

（1）砾岩及角砾岩　由占50%以上大于2mm的颗粒胶结而成。由经长途搬运后磨圆较好的砾石胶结而成的称为砾岩；由未经长途搬运的带棱角的角砾胶结而成的称为角砾岩。

（2）砂岩　是由占50%以上2~0.074mm的颗粒胶结而成，可细分为粗粒砂岩、中粒砂岩、细粒及粉粒砂岩。

常见砂岩有：

石英砂岩——石英颗粒90%以上，一般为硅质胶结，呈白色，质地坚硬。

长石石英砂岩——含长石>25%，常为红色或黄色，多为钙质或泥质胶结。

岩屑砂岩——岩屑占碎屑总量的25%以上,长石含量<10%,岩屑成分多样,胶结物多为硅质、钙质。

(3)粉砂岩 是指0.074~0.002mm粒级的颗粒含量>50%的岩石,碎屑成分以石英为主,长石次之,常见颜色为棕红色或暗褐色。粉砂岩的性质介于砂岩与黏土岩之间。

(4)黏土岩 是由粒径<0.002mm黏土矿物(黏土)组成的岩石。

常见的黏土矿有高岭石、蒙脱石、水云母等。黏土具可塑性、烧结性、吸附性、吸水性、耐火性等特性,岩性质较弱,强度低,易产生压缩变形,抗风化能力较低,主要有泥岩、页岩。页岩具有微小的层理,像书本一样,故称页岩。

2)化学岩类

(1)石灰岩 简称灰岩,主要是海相沉积形成的,矿物成分以微晶的方解石为主,常呈深灰、浅灰色。纯质灰岩呈白色,具有结晶结构、块状构造。其中结晶程度较好的称为结晶灰岩。由生物参与成岩的称为生物灰岩,比较少见。含泥成分较多的称为泥灰岩和灰泥岩。当泥质的含量较多的时候,会影响石灰岩的工程性质。石灰岩是道路工程中常用的建筑材料,使用时,注意区分不同类型的石灰岩。

(2)白云岩 矿物成分主要为白云石,其次含有少量的方解石等,形成环境同灰岩,常为浅灰色、灰白色,是结晶质或细晶粒状结构,硬度较灰岩略大。

石灰岩与白云岩之间的过渡类型有灰质白云岩、白云质灰岩等。

要领提示 由于沉积岩的成分很复杂,而结构、构造方面特征明显,所以对于沉积岩的鉴定应从岩石的结构和构造方面入手。碎屑岩类都是碎屑结构,具有层理构造,按颗粒的大小分为砾、砂、粉、黏等级别。化学岩类都是结晶结构,与岩浆岩的结晶不同的是,矿物成分一般都是可溶性盐类,成分单一,具有块状构造,如石灰岩。

四、变质岩

在地壳运动和岩浆活动的影响下,地壳局部的温度升高,压力加大并且有外来的化学成分加入,使地壳原有已经固结的岩石产生重熔或部分重熔,当温度下降后形成新的结晶后,在成分、结构和构造发生一系列变化,形成新的岩石,这种作用称为变质作用,所形成的岩石称为变质岩。

在漫长的地壳演化历史中,大约有10%的岩石遭受了不同程度的变质。变质岩在矿物成分和结构、构造以及产状方面都具有继承性和独特性,一方面继承原岩在矿物成分、结构和构造上的特征,另一方面由于变质过程是一个岩石重结晶的特殊过程,所以变质岩还有其他岩石所不具有的独特性。

1. 变质岩的矿物成分

变质岩中的矿物成分主要继承了原来岩石的成分,在变质过程中部分原岩矿物经过重结晶作用,使得原来的矿物晶体加大。另外在变质过程中还可以形成一些独特的变质矿物,如绿泥石、石榴子石、绢云母、蓝晶石、滑石等。

2. 变质岩的结构与构造

1)变质岩的结构

变质作用程度有深、浅之分,变质作用程度对原岩结构的改变也不同,但无论经过怎样变化,都或多或少保留原岩的一些特点,体现了原岩结构的特点。

(1)变余结构　由于变质结晶作用不完全,原岩的结构特征被部分保留下来,即称为变余结构。这种结构在低级变质中较常见,如泥质砂岩变质以后,泥质胶结物变质成绢云母和绿泥石,而其中碎屑矿物如石英不发生变化,被保留下来,形成变余砂状结构。其他的如变余斑状结构、变余花岗结构、变余砾状结构、变余泥质结构等。

(2)变晶结构　岩石在固体状态下发生重结晶、变质结晶或重组合所形成的结构称为变晶结构。这是变质岩石中最常见的结构,该类结构中矿物多呈定向排列。

(3)碎裂结构　这是由于岩石在低温下受定向压力作用,当压力超过其强度极限时发生破裂、错动,形成碎块甚至粉末状后又被胶结在一起的结构,常具条带和片理。根据破碎程度可分为碎裂结构、碎斑结构、糜棱结构等。

结构名称一般在原岩结构名称前加上"变晶"或"变余","变晶"代表变质程度较深,"变余"代表变质程度较浅,例如变余砂状结构等。

2)变质岩的构造

变质过程是在压力比较大的条件下完成的,这样的成岩环境在岩石的构造上体现得更为明显。大部分岩石都有片状矿物定向、富集排列的现象,使得岩石在受外力打击作用时,容易产生开裂。这样的构造称为变质岩的片理构造,按片理的不同形式分为以下几种:

(1)板状构造　岩石具有平行、较密集而平坦的破裂面,沿此面岩石易于分裂成板状体。这种岩石常具变余泥质结构。原岩基本未重结晶,仅有少量绢云母或绿泥石。

(2)千枚状构造　岩石常呈薄片状,其中各组分基本已重结晶并呈定向排列,但结晶程度较低而使得肉眼尚不能分辨矿物,仅在岩石的自然破裂面上见有强烈的丝绢光泽,系由绢云母、绿泥石等矿物小鳞片造成。

(3)片状构造　在定向挤压应力的长期作用下,岩石中所含大量片状、柱状矿物如云母、角闪石、绿泥石等,都是平行走向排列。岩石中各组分全部重结晶,而且肉眼可以看出矿物颗粒。有此种构造的岩石,各向异性显著,沿片理面易于开裂,其强度、透水性、抗风化能力等也随方向而改变。

(4)片麻状构造　以石英、长石等矿物为主,其间夹以鳞片状、柱状变晶矿物,并呈大致平行的断续带状分布而成。它们的结晶程度都比较高,是片麻岩中常见的构造。

(5)块状构造　岩石中矿物分布均匀、无定向排列。接触变质是在只有温度、没有压力条件下变质的,这样形成的岩石具有块状构造,如大理岩和石英岩等。

3. 变质岩的分类

由于变质岩是由原岩经变质作用所形成的,所以,变质岩的种类受原岩的类型和变质程度深浅的影响。变质岩按岩石构造的特征分类,分为片理类的岩石和块状类的岩石。

4. 变质岩常见种类的鉴定

1)片理类岩石

(1)片麻岩　具有片麻状构造的岩石都可以称为片麻岩,中粗粒鳞片粒状,变晶或变余结构。原岩为泥质岩、砂岩、砾岩或酸性和中性岩浆岩、火山碎屑岩等岩石,经过深度变质而形成。片麻岩可根据矿物成分进一步分类和命名,如花岗片麻岩、黑云母钾长片麻岩等。

(2)片岩　具有片理构造的岩石都可以称为片岩,具有变晶结构。片岩可以根据特征变质矿物和主要片状矿物来进一步分类和命名,如云母片岩、绿泥石片岩、滑石片岩、角闪石片岩等。片岩强度较低,且易风化,由于片理发育,易于沿片理裂开。

（3）千枚岩　其特征是岩石细密,具千枚状构造。其原岩为页岩、泥质粉砂岩、凝灰岩类,是经过浅变质作用形成的,是常见的岩石种类。矿物成分主要有绢云母千枚岩、绿泥石千枚岩等。千枚岩层理面具强丝绢光泽。千枚岩性质较软弱,易风化破碎。

（4）板岩　其特征是岩石较致密,具板状构造,主要由页岩、泥质粉砂岩、凝灰岩类变质而成因。变质程度较轻,常具变余泥质结构等,重结晶不明显,板理面上可见绢云母、绿泥石等。板岩沿劈理易于裂开成薄板状,能加工成各种尺寸的石板,用作建筑材料。

2）块状岩类

（1）石英岩　由石英砂岩和硅质岩经重结晶而成,主要由石英组成（>85%）,其次可含少量白云母、长石、磁铁矿等,一般为块状构造,是粒状变晶结构;岩石坚硬,抗风化能力强,可作良好的建筑物地基。但因性脆,较易产生密集性裂隙。另外,石英岩中常夹有薄层板岩,风化后变为泥化夹层。

（2）大理岩　大理岩是泛指由碳酸盐类沉积岩经过变质后形成的岩石,主要矿物成分为方解石、白云石,以我国云南大理市盛产优质的此种石料而得名。与原岩的石灰岩、白云岩的差别是矿物经过重结晶后颗粒比较大,杂质少,同样遇到稀盐酸后可以产生强烈气泡。大理岩具粒状变晶结构、斑状变晶结构,块状构造,常用作建筑材料和各种装饰石料等。大理岩硬度较小,具有可溶性。

五、岩石的工程性质评价

1. 岩石的工程分类

1）按坚硬程度分

岩石按坚硬程度分为坚硬岩石和半坚硬岩石、软质岩石。

（1）坚硬岩石和半坚硬岩石　指饱和单轴抗压强度≥30MPa 的岩石,如新鲜的花岗岩、石灰岩、石英岩、闪长岩、玄武岩、硅质砾岩等。在实际工程中,坚硬岩石一般远远满足基础工程的需要。

（2）软质岩石　指饱和单轴抗压强度<30MPa 的岩石,一般都为强风化的岩石、片理极其发育的岩石、由黏土组成的岩石、溶解性很强的岩石,如页岩、泥岩、绿泥石片岩、云母片岩等以及风化强烈的一些坚硬岩石。在工程上,尤其在重要的基础工程中,要对软质岩石加以足够重视。

2）按风化强度分

岩石按风化程度分为微风化岩石、中等风化岩石、强风化岩石。

（1）微风化岩石　岩质新鲜,锤击清脆,裂隙很少,构造清楚。

（2）中等风化岩石　与微风化岩石相比,裂隙发育,锹镐难以挖掘。

（3）强风化岩石　岩石的结构、构造都不清楚,裂隙非常发育,碎块可以用手掰断、可以挖掘。

2. 岩石的工程性质指标

岩石的工程地质性质包括物理性质、水理性质和力学性质。

影响岩石工程地质性质的因素,主要是岩石的矿物成分、结构构造和岩石的风化程度。

表1-5 是根据《公路工程岩石试验规程》（JTG E41—2005）的岩石测试试验列出的常见岩石的主要性能指标。

岩石名称	天然重度 （kN/m³）	相对密度	抗压强度 （MPa）	弹性模量 E_0 （10×10^4 MPa）	承载力 （MN/m²）
花岗岩	26.3 ~ 27.3	2.5 ~ 2.8	75 ~ 110	1.4 ~ 5.6	3 ~ 4
闪长岩	25 ~ 29	2.6 ~ 3.1	120 ~ 200	2.2 ~ 11.4	4 ~ 6
砂岩	22 ~ 30	1.8 ~ 2.75	47 ~ 180	2.78 ~ 5.4	2 ~ 4
页岩	20 ~ 27	2.63 ~ 2.73	20 ~ 40	1.3 ~ 2.1	2 ~ 3
石灰岩	22 ~ 25	2.5 ~ 2.76	25 ~ 55	2.1 ~ 8.4	2 ~ 2.5
泥灰岩	23 ~ 25	2.7 ~ 2.8	3.5 ~ 60	0.38 ~ 2.1	1.2 ~ 4
白云岩	22 ~ 27	2.78	40 ~ 120	1.3 ~ 3.4	3 ~ 4
石英岩	28 ~ 30	2.63 ~ 2.84	200 ~ 360	4.5 ~ 14.2	6
大理岩	25 ~ 33	2.7 ~ 2.87	70 ~ 140	1.0 ~ 3.4	4 ~ 5
板岩	25 ~ 33	2.7 ~ 2.84	120 ~ 140	2.2 ~ 3.4	4 ~ 5

相关提示　在实际工程中,研究工程的安全性质时,一般要考虑建筑场地整体的工程地质条件,和由多种岩石组合形成的包括地质构造的类型、规模、性质等因素在内的地质体与工程的关系。当岩石作为建筑材料的时候,才对岩石的各项指标进行研究。

知识检验

1.岩石和矿物这两个概念有何不同? 岩石按成因分为哪三大类?

2.什么叫岩浆岩? 按其生成环境可分为哪些类型? 其产状如何?

3.简述岩浆岩的颜色、矿物成分和化学性质之间的内在规律。

4.什么是岩浆岩的结构? 为什么说岩浆岩的结构特征是其生成环境的综合反映?

5.简述沉积岩的形成过程,并指出组成沉积岩的物质分为哪些类型? 这些类型与沉积岩的结构有何关联?

6.什么叫层理? 简略绘出几种层理的图形,并解释其成因。

7.沉积岩区别于岩浆岩和变质岩的重要特征有哪些? 为什么?

8.沉积岩中的胶结物主要有哪几种? 它们对岩石(以砂岩为例)的强度有何影响?

9.简述变质岩的形成过程,并指出该岩类在矿物成分和结构上有何特性?

10.试综合分析三大岩类的主要区别。

实战演练

1.描述石英、正长石、斜长石、云母、角闪石、辉石的鉴定特征。

2.描述花岗岩、花岗斑岩、流纹岩的鉴定特征。

3.描述正长岩、正长斑岩、粗面岩的鉴定特征。

4.描述闪长岩、闪长斑岩、安山岩的鉴定特征。

5.描述辉长岩、玄武岩的鉴定特征。

6.描述砾岩、砂岩、泥岩、页岩的鉴定特征。

7.描述石灰岩、泥灰岩的鉴定特征。

8.描述板岩、千枚岩、片岩、片麻岩、大理岩的鉴定特征。

实训项目

地点:理实一体化教室

内容:

1.常见造岩矿物的鉴别

对石英、正长石、斜长石、黑云母、白云母、角闪石、辉石、方解石进行鉴别。

2.常见三大类岩石种类的鉴别

师资:理论教师、指导教师、兼职教师。

地质识图

情境导入

地壳经过漫长的演化过程,经历了多次的构造运动,形成了类型不同、形成时代不同的复杂的构造体系,岩石都是分布在这些构造体系中。

地质条件包括岩石土层的类型、性质,形成的时代;地质构造的类型、规模,形成的时代,以及地形,地貌,地表水、地下水方面的水文地质条件,天然建材的开采、运输条件等。综合地质条件可以在各类地质图上进行初步了解,作为一个公路工程的专业人才必须具备一定的地质识图和作图的基本能力。

学习目标

【知识目标】

1.掌握地质年代的概念;

2.掌握地质构造的概念、类型、组成要素、野外勘察的要点;

3.掌握地质图的概念、类型;

4.掌握地质体在图上的表现形式。

【能力目标】

1.具有基本的读图能力,能够根据地质图编写地质报告;

2.具有作地层剖面图的能力。

了解地质年代

地质年代——为研究地壳的演化历史而建立的统一的时间系统。

相关链接 地质年代最初的建立是在 17~18 世纪,当时的科学技术尚不发达,所以,在地质年代中只比对地质事件的先后顺序、岩石形成的新老关系,而不确定其具体的时间。地质年代建立的主要依据是:

(1)地层学的方法:沉积岩是层层叠叠的,在正常情况下,位于下面的地层,年代较老,地层越上,年代越新。

(2)岩石学的方法:在一个地区,同时期形成的岩石特性基本是一致的,如果岩层的地质年代是已经确定的,当在另一区见到相同的岩层时,就可确定其形成的时代。

(3)古生物学方法:化石是确定地层年代的重要依据,不同的地质年代有对应的不同的化石组合,这样也可以确定岩层的地质年代。

随着近代科学技术的发展,根据岩石中放射性同位素的蜕变规律,来测定岩石和矿物年龄。其原理是基于放射性元素都具有固定的衰变常数(λ)——每年每克母体同位素能产生的子体同位素的克数,且矿物中放射性同位素蜕变后剩下的母体同位素含量(N)与蜕变而成的子体同位素含量(D)可以测出,根据下式计算出某一放射性同位素的年龄(t)。

$$t = \frac{1}{\lambda}\ln\left(1 + \frac{D}{N}\right)$$

目前,测定同位素年龄广泛采用的方法有:钾—氩($K^{40} \rightarrow Ar^{40}$)、铷—锶($R_b^{87} \rightarrow S_r^{87}$)、铀—铅($U^{235} \rightarrow P_b^{207}$)和碳法($C^{14} \rightarrow N^{14}$)。其中,前三者主要用以测定较古老岩石的地质年龄,而碳法专用于测定最新的地质事件和地质体的年龄。近来,人们根据地质历史时期地磁场的南北极是不断变换的这一事实,建立了最近四百五十万年期间的"地磁极性年代表",应用于第四纪与第三纪地质时代的分期。

一、地质年代时间单位的划分

根据地壳运动和生物演化等特征,将地质历史划分为若干时间段,称为地质年代的时间单位。单位的大小是:宙—代—纪—世—期。把地质历史首先分为两个最大的阶段,分别叫做隐生宙和显生宙。隐生宙也叫前寒武纪,其早期阶段为太古代,晚期则为元古代。隐生宙基本没有生命的迹象,而显生宙时期开始出现原始的生命。

显生宙分为古生代、中生代和新生代三个阶段。每个代又可分为若干个"纪",对"纪"又进一步划分为不同的"期"。

二、地质年代地层单位的划分

地层是指同一地质年代时间间隔内,沉积形成的成层岩层的组合体。地表基本是由沉积形成的岩层所覆盖。

把沉积形成的底层赋予时间的概念,称为时间地层单位。其划分与时间单位是相对应的,两者之间的对应关系为:宙—宇、界—代纪—系、世—统、阶—期、带—时。其中,宙—宇、界—代、纪—系是全球范围内都统一的,名称都一致。而较小的单位具有明显的区域性,不同的地区名称是不同的。

三、地质年代表

通过大量的地质工作,建立了各地区的区域地层系统的对比关系,包括整个地质时代所有地层在内的、完整的、世界性的标准地层表及相应的地质年代表(表2-1)。

地 质 年 代 表　　　　　　　　　　　　　　　表 2-1

相 对 年 代				绝对年龄(百万年)	主要构造运动期	我国地史简要特征
宙	代	纪	世			
显生宙	新生代(Kz)	第四纪(Q)	全新世(Q4)	0.01	喜马拉雅运动	地球表面发展成现代地貌,多次冰川活动,近代各种类型的松散堆积物,黄土形成,华北、东北有火山喷发,人类出现
			晚更新世(Q3)	0.12		
			更新世(Q2)	1		
			早更新世(Q1)	2		
		第三纪(R)	上新世(N2)	12		我国大陆轮廓基本形成,大部分地区为陆相沉积,有火山岩分布,台湾岛、喜马拉雅山形成。哺乳动物和被子植物繁盛,是重要的成煤时期,有主要的含油地层
			中新世(N)	26		
		晚第三纪(N)	渐新世(E3)	40		
		早第三纪(E)	始新世(E2)	60		
			古新世(E1)	65		
	中生代(Mz)	白垩纪(K)	晚白垩世(K2)	137	燕山运动	中生代构造运动频繁,岩浆活动强烈,我国东部有大规模的岩浆岩侵入和喷发,形成丰富的金属矿。我国中生代地层极为发育,华北形成许多内陆盆地,为主要成煤时期。三叠纪时华南仍为浅海沉积,以后为大陆环境。
			早白垩世(K1)			
		侏罗纪(J)	晚侏罗世(J3)	195		
			中侏罗世(J2)			
			早侏罗世(J1)			
		三叠纪(T)	晚三叠世(T3)	230	印支运动	生物显著进化,爬行类恐龙繁盛,海生头足类菊石发育,裸子植物以松柏、苏铁及银杏为主,被子植物出现
			中三叠世(T2)			
			早三叠世(T1)			
	古生代(Pz)	晚古生代(Pz2)	二叠纪(P) 晚二叠世(P2)	285	海西运动	晚古生代我国构造运动十分广泛,尤以天山地区较强烈。华北地区缺失泥盆系和下石炭统沉积,遭受风化剥蚀,中石炭纪至二叠纪由海陆交替相变为陆相沉积。植物繁盛,为主要成煤期。
			早二叠世(P1)			
			石炭纪(C) 晚石炭世(C3)	350		
			中石炭世(C2)			华南地区一直为浅海相沉积,晚期成煤,晚古生代地层以砂岩、页岩、石灰岩为主,是鱼类和两栖类动物大量繁殖时代
			早石炭世(C1)			
			泥盆纪(D) 晚泥盆世(D3)	400		
			中泥盆世(D2)			
			早泥盆世(D1)			
		早古生代(Pz1)	志留纪(S) 晚志留世(S3)	435	加里东运动	寒武纪时,我国大部分地区为海相沉积,生物初步发育,三叶虫极盛,至中奥陶世后,华南仍为浅海,头足类、三叶虫、腕足类笔石、珊瑚、蕨类植物发育,是海生无脊椎动物繁盛时期,早古生代地层以海相石灰岩、砂岩、页岩为主
			中志留世(S2)			
			早志留世(S1)			
			奥陶纪(O) 晚奥陶世(O3)	500		
			中奥陶世(O2)			
			早奥陶世(O1)			
			寒武纪(E) 晚寒武世(E3)	570		
			中寒武世(E2)			
			早寒武世(E1)			

相对年代				绝对年龄（百万年）	主要构造运动期	我国地史简要特征
宙	代	纪	世			
隐生宙	元古代（Pt）	晚元古代	震旦纪（Z）	800	晋宁运动、吕梁运动	元古代地层在我国分布广、发育全、厚度大、出露好。华北地区主要为未变质和浅变质的海相硅镁质碳酸岩及碎屑岩类夹火山岩。华南地区下部以陆相红色碎屑岩河湖相沉积为主，含冰碛物为特征。低等生物开始大量繁殖，菌藻类化石较丰富
			清白口纪（Qn）	1 000		
		中元古代	蓟县纪（Jx）	1 400		
			长城纪（Ch）	1 900		
		早元古代		2 500		
	太古代（Ar）			4 000	五台运动	太古代构造运动频繁，岩浆活动强烈，侵入岩和火山岩广泛分布，岩石普遍变质很深，形成古老的片麻岩、石英岩、大理岩等，构成地壳的古老基底。目前已知最古老岩石的年龄为45.8亿年，最老的菌化石为32亿年
	地球初期发展阶段			4 600		

它的内容包括各个地质年代单位的名称、代号和同位素年龄值以及世界和我国主要的构造运动的时间、段落和名称等。表中构造运动的名称源于最早发现并经过详细研究的典型地区的地名，在每一幕构造运动期间都有很多褶皱、断层的形成以及大范围的岩浆活动。

通过地质年代表，能了解到地球演化的基本过程、岩石的形成、生物的演化、构造运动期的发生时代。

要求学生掌握"代"、"纪"的 名称、顺序、符号，五次构造运动期的名称、发生的时代。

项目二

认识地质构造

相关链接 地壳经历的漫长的地质演化历史过程中，全球范围内大的构造运动期共有 5 次，局部区域内的小的构造运动更是不计其数。所以，地表岩石基本都是处于各种构造之中。地质构造使得岩层变形、变位，内部存在大量的岩石静压，与各种土木工程，尤其是道路工程的关系极为密切。在这一单元中我们就来学习地质构造的相关内容。

地质构造是指构造运动（地壳运动）在地表岩石圈中形成的永久性的变形或变位的遗迹。

沉积形成的地层的原始产状是水平的，经过构造运动的作用，可以形成单斜构造、褶皱构造、断裂构造三种基本的形式。

一、单斜构造

1）单斜构造

单斜构造是指构造运动使原来的水平岩层发生倾斜，形成倾斜岩层。

如果在一定地区内一套岩层的倾斜方向和倾角基本一致,则称为单斜岩层。倾斜岩层在大范围内,常常是褶皱的一翼或断层的一盘。单斜构造常形成单面山。

2)岩层产状

岩层产状是指岩层在空间展布方位的状态,用走向、倾向和倾角三个要素确定。

在工程地质中为了描述岩层在野外的展布状态需要测定岩层的产状。

(1)走向　走向表示岩层在空间的水平延伸方向,是岩层面与假想水平面的交线的两端指向的空间方位角,同一岩层的走向有两个值,相差180°。

(2)倾向　倾向表示岩层倾斜的方向,是岩层面上与走向垂直方向的直线指向的空间方位角,与走向相差90°。

(3)倾角　倾角是岩层层面与水平面间的夹角。

岩层的产状在野外用地质罗盘测量,也可以通过地质资料或图件得出,一般记录为:175°∠40°形式,175°代表倾向,40°代表倾角,省略了走向,走向 = 倾向 + (−)90°。也可以用符号人表示。其中走向和倾向在图上测出。

单斜构造及岩层产状如图2-1所示。

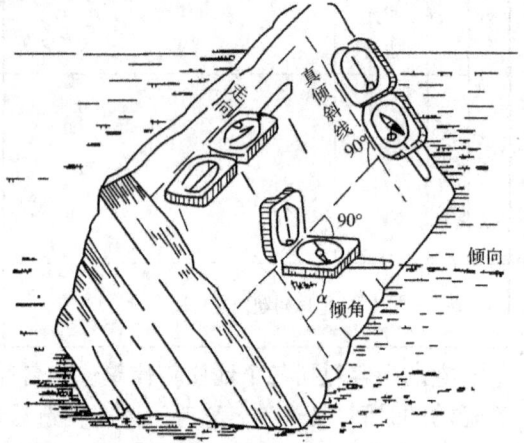

图2-1　单斜构造及岩层产状

课堂活动

(1)利用地质罗盘实际测量岩层的产状。

(2)在图上确定地层的产状。

二、褶皱构造

褶皱构造是指地壳岩层在构造运动中受水平力挤压后形成的波状起伏构造,单个波状弯曲称为褶曲,一系列褶曲连在一起称为褶皱。褶曲有两种形式,背斜和向斜(图2-2)。

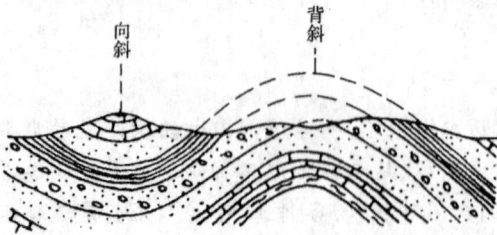

图2-2　背斜与向斜

1.褶皱的几何要素

(1)核——指组成褶曲中心部分的岩层。出露于地表的褶曲的核通常为最中心的岩层。

(2)翼——指核部两侧对称出现的岩层,当背斜与向斜相连时翼是公用的。

(3)轴面——是大致平分褶曲两翼的假想面。轴面可能是平面,也可能是曲面。

(4)轴——是轴面与水平面的交线,可以是直线,也可以是曲线。

(5)枢纽——指褶曲中同一层面与轴面的交线,也是褶曲中同一层面最大弯曲点的连线枢纽,可以是直线,也可以是曲线或折线。

2.褶皱的分类

褶皱是按空间展布的几何形态区分为各种类型的,一般分为直立的、倾斜的、水平的、倾伏的和平卧的等形式,如图2-3所示。

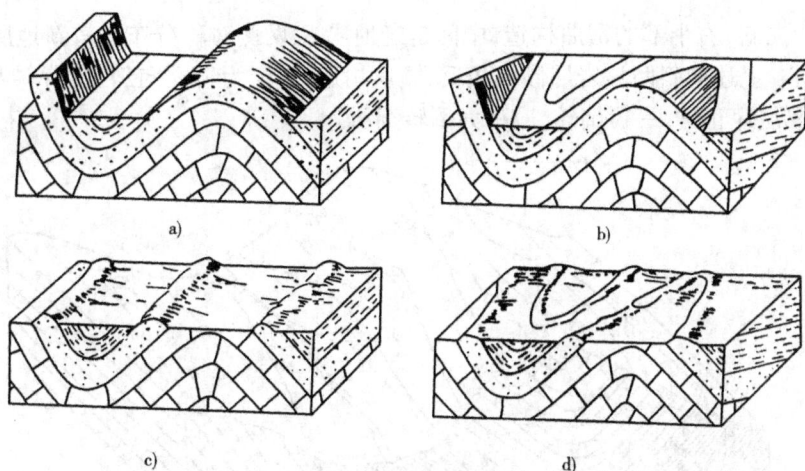

图 2-3 褶皱的分类

1）按轴面和两翼岩层的产状分

按轴面和两翼的产状分为直立褶曲、倾斜褶曲、倒转褶曲、平卧褶曲。

（1）直立褶曲——轴面直立，两翼岩层倾向相反，倾角大致相等。

（2）倾斜褶曲——轴面倾斜，两翼岩层倾向相反，倾角不相等。

（3）倒转褶曲——轴面倾斜，两翼倾斜，两翼岩层倾向相同，倾角相等或不相等，一翼岩层层序正常，另一翼层序倒转。

（4）平卧褶曲——轴面水平，两翼岩层近于水平重叠，一翼层序正常，另一翼倒转。

2）按褶曲枢纽产状分

按褶曲枢纽产状分为水平褶曲、倾伏褶曲。

（1）水平褶曲——褶曲的枢纽近于水平，两翼岩层走向平行，展布较远。

（2）倾伏褶曲——褶曲的枢纽向一端倾伏，两翼岩层不平行，在倾伏的转折端闭合。

3. 褶皱的野外识别

对于小型的褶皱构造，可以利用地层排列的特点来勘察，而大型的构造，一般利用航拍、航测手段或区域地质资料来了解。

在野外辨认褶皱时，首先判断褶皱是否存在并且区别背斜与向斜，然后确定其形态特征，在少数情况下，如沿山区河谷或道路两侧，岩层的弯曲可能直接暴露，是背斜还是向斜一目了然。多数情况下，地面岩层呈倾斜状态，无法看清岩层的弯曲全貌，应按科学的方法进行观察分析。

首先应注意，地形上的高低并不是判别背斜与向斜的标志。岩层变形之初，背斜为高地、向斜为低地。这时的地形是地质构造的直接反映。但经过较长时间的剥蚀后，由于背斜轴部裂隙发育，岩层较破碎，且地形凸出，剥蚀作用进行得较快，可能使背斜变成低地或沟谷。与此相反，向斜轴部较为完整，并常有剥蚀产物在轴部堆积，故其剥蚀速度较背斜轴部慢，最终导致向斜的地形较相邻背斜高，形成向斜山。

其次，垂直于岩层走向进行观察，当地层对称重复出现时，便可判断出褶皱构造。向斜为：老—新—老，背斜为：新—老—新，区内岩层走向近东西，从南北方向观察，有志留系和石炭系地层两个对称中心，其两侧地层重复对称出现，所以该地区有两个褶曲构造。接着，再分析地层新老组合关系。如图 2-4 所示，左半部的褶曲构造，中间是新地层 C，两侧较老地层依次为

D 和 S,故为向斜;右半部的褶曲构造,中间是老地层 S,两侧对称分布的较新地层依次为 D 和 C,故为背斜。上述向斜两翼岩层倾向相反、倾角相近,应定为直立向斜;而背斜两翼岩层均向北倾斜,一翼层序正常,一翼倒转,应称为倒转背斜。

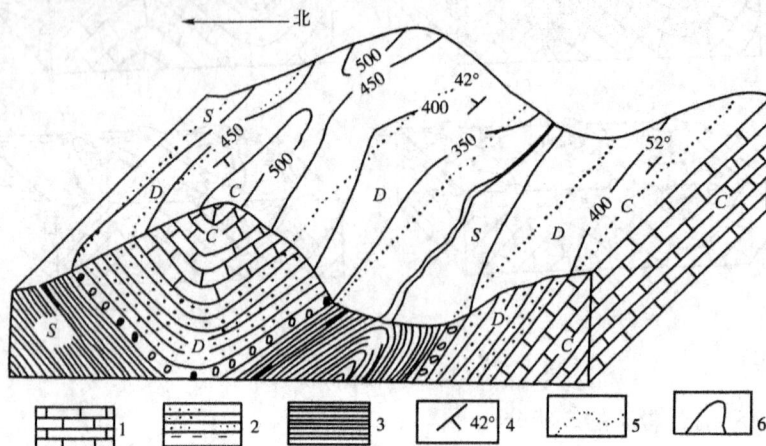

图 2-4　褶曲构造

4. 褶皱与工程的关系

褶皱区地形多起伏,在褶皱强烈区,岩层破坏强烈,裂隙发育,倾角较大。地表工程的主要工程地质问题,是斜坡岩层的稳定问题。地下工程的主要工程地质问题,是由于围岩静压分布不同而对工程产生的影响。倾斜的岩层与山坡坡向之间有两种情况:顺坡和逆坡。

三、断裂构造

断裂构造是指地壳中岩层或岩体受力达到破裂强度,发生断裂变形而形成的构造。

断裂在地壳中分布很广。断裂构造的规模有大有小,巨型的可达千公里以上,微细的要在显微镜下才能看出。断裂构造按规模和移动状况分为节理和断层两种类型。

1. 节理

节理也称为裂隙,是指岩石中岩块沿破裂面规模小并且没有显著位移的断裂构造。

节理按成因分为两类:一类是由构造运动产生的构造节理,它们在地壳中分布极广,且有一定的规律性,往往成群成组出现。另一类是非构造节理,如成岩过程中形成的原生节理和爆破、风化形成的次生节理。其中,对工程影响比较大的主要是风化裂隙。非构造节理分布的规律性不很明显,通常出现在较小范围内。

1)构造节理

构造节理按形成的力学性质,分为由张应力形成的张节理和由剪应力形成的剪节理。

(1)张节理　其主要特征是节理两壁裂开距离较大,且裂缝的宽度变化也较大,产状不很稳定,延展不远;节理面粗糙不平,擦痕不发育,节理内常有充填物。

(2)剪节理　剪节理的特征是产状稳定,在平面和剖面上延续均较长;节理面光滑,常具擦痕、镜面等现象,常成组出现。

2)裂隙与工程的关系

裂隙与工程的关系密切,主要体现为以下四点:

(1)破坏岩石的整体性,为气体和水的渗入提供通道,加速风化速度。在石灰岩地区,容易使溶洞扩大。

（2）降低岩石地基的承载力。

（3）水沿裂隙渗入，对基坑开挖和地下工程的防水、防潮不利。

（4）在挖方或采石时，可提高工作效率，但爆破时常因漏气而降低效果。

3）裂隙的调查统计

节理对工程岩体稳定和渗漏的影响程度取决于节理的成因、形态、数量、大小、连通以及充填等特征。

通过岩土工程勘察查明这些特征后，应对节理的密度和产状进行统计分析，以便评价它们对工程的影响。

节理统计图可以清晰、直观地表示统计地段各级节理的产状，是调查节理常用的表示方法，常用的有节理玫瑰图、节理极点图和节理等密度图等，以节理玫瑰图为例介绍作图的方法。

首先进行资料整理，将测点上所测的节理走向都换算成北东和北西象限的角度，按走向方位大小，以10°为一组统计各组节理条数。

其次，确定作图比例尺，以等长或稍长于按线条比例尺表示最多那一组节理条数的线段长度为半径，画一个上半圆，通过圆心标出来三个方向，并标出10°倍数的方位角。最后将表示各级节理条数的点标在相应走向方位角中间值的半径上。见图2-5，走向北东41°～50°的节理有35条，按比例点在北东45°的半径上。连接相邻组的点即节理走向玫瑰图。相同的方法也可得到节理倾向玫瑰图。

2. 断层

断层是指破裂规模较大并且有显著位移的断裂构造。

大的断层可长达数百公里甚至上千公里，宽可达几公里，且切割深度可能深达上地幔，对工程岩体的稳定有显著影响。

1）断层的几何要素（图2-6）

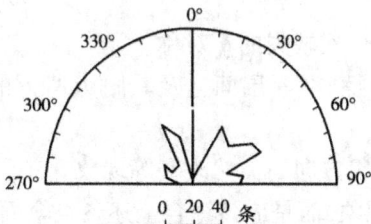

图2-5　节理走向玫瑰图

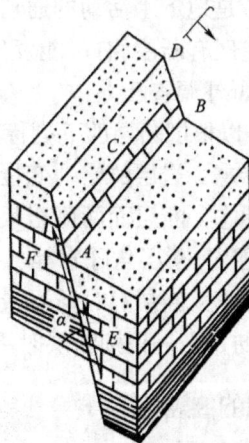

图2-6　断层的要素
AB-断层线；C-断层面；α-断层倾角；E-上盘；F-下盘；DB-总断距

（1）断盘　是断层面两侧相对移动的岩块。若断层面是倾斜的，则在断层面以上的断块叫上盘；在断层面以下的断块叫下盘。按两盘相对运动方向分，相对上升的一盘叫上升盘，相对下降的一盘叫下降盘。上盘既可以是上升盘，也可以是下降盘；下盘亦如此。如果断层面直立就分不出上、下盘，如果岩块沿水平方向移动，也就没有上升盘和下降盘。

（2）断层面　指被错开的两部分岩块发生相对滑动的破裂面。断层面一般由于断盘的相互摩擦产生擦痕而比较粗糙。断层面的产状代表了断层的产状。

（3）破碎带　断盘相对的滑动，使得两侧的岩石破碎，并伴随断盘延伸成带状，称为断层破碎带或断层带。破碎带对工程的影响很大，是工程地质勘察的重点。

2）断层分类

断层根据上、下两个断盘的相对位置关系划分为正断层、逆断层、平移断层，如图2-7所示。

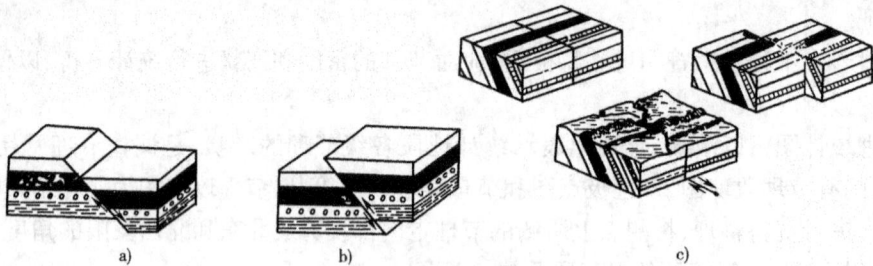

图2-7　断层的类型
a）正断层；b）逆断层；c）平移断层

（1）正断层　上盘岩块沿断层面相对下移，下盘相对向上移动的断层，其断层面一般较陡，倾角多在45°～90°。

（2）逆断层　指上盘沿断层面相对向上移动，下盘相对向下移动的断层。

（3）平移断层　指断层两盘基本上沿断层走向作相对水平移动的断层。

3）断层与工程的关系

断层对道路工程非常不利，表现为以下几点：

（1）断层的切割破坏，使岩石破碎，整体强度和承载力降低。

（2）断层陡壁的岩石，多处于不稳定状态，有滑坡、崩塌的可能。

（3）断层的上、下两盘岩石性质不同，当建筑物跨越两盘时，容易形成不均匀沉降。

（4）破碎带是地下水活动的通道，也可形成承压水，在施工过程中，造成涌水或透水。

（5）新构造区有断层，有可能发生移动，形成构造地震。

4）断层的野外调查

在野外，可以根据断层的下列标志识别：

（1）岩层标志　岩层的错动变位，突然中断或重复，或缺失的不对称。

（2）构造标志　断层面两侧岩块的相互滑动和摩擦，在断层面上及其附近留下的各种证据，如擦痕、断层泥、断层角砾岩等。

（3）地形标志　断层有时候可造成陡坡、断崖、河谷方向的突然改变等现象。

应该注意的是野外识别断层时不能只根据某一现象，而是应该综合上述各点全面分析。

四、地层间的接触关系

地层间的接触关系是指不同时代形成的岩层在沉积形成的过程中的层位之间的接触关系。如果没有发生沉积间断的连续沉积，平行排列的，这种不同层面间的接触关系称为整合接触。如果岩层在沉积过程中发生了中断或侵蚀后，又再接受沉积，这种接触关系，称为不整合。有两种形式，即平行不整合、角度不整合，它表明了地壳发生了运动，是地质时代划分的重要依据。在工程上，不整合是一个软弱的结构面，破坏了岩层的稳定性，尤其是山坡区的第四纪堆积物和基岩之间的不整合，容易引起斜坡的滑动。

项目小结

这一单元我们学习地质构造的基本内容,应该掌握地质构造的概念、基本类型、几何要素、与道路工程的关系,以及构造在野外识别的特征等内容。掌握了以上知识要点后,我们就可以学习在地质图上分析某一地区的地质构造条件了。

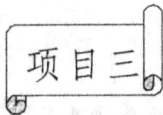

项目三

阅读地质图

知识导入　包括道路工程在内的各类土木工程的施工作业,都需要对建筑场区内的各种地质条件进行了解,这一过程就是地质勘察。地质勘察有不同的详细程度。勘察的初期称为普查阶段。这一阶段主要是通过对既有的地质资料的研究来进行的。某一地区的地质资料主要是通过各种地质图件表现出来的。作为一个道路建设工作者,必须具备分析、阅读地质图等地质资料的能力。

一、地质图的基本知识

1.概念和类型

地质图是指以一定的符号、颜色和花纹,将某一地区各种地质体和地质现象(如各种地层、岩体、构造等的产状、分布、形成时代及相互关系)按一定比例尺综合概括地投影到地形图上的一种图件。表示各种基本的地质现象的地质图称为综合地质图。着重表示某一方面地质现象的称为专门地质图件,如反映第四纪地层的成因类型、岩性和生成时代以及地貌成因类型和形状特征的地貌及第四纪地质图;反映地下水的类型、埋藏深度和含水层厚度、渗流方向等的水文地质图以及综合表示各种工程地质条件的工程地质图等。

2.地质图的内容

一幅正规的地质图应该包括以下内容:

(1)图名　反映图的位置和性质。责任表是表明成图的单位和日期。

(2)比例尺　是反映图上距离与实际距离之比,同时也反映出图的精度。比例尺越大,图的精度越高,对地质条件的反映越详细。

(3)图例　是对图上出现的地质符号的说明,一般有地层、构造、产状、地形线、岩性等。

(4)综合地层柱状图　是将图区所有涉及的地层按新老叠置关系恢复成原始水平状态排列出的柱形图,表示出露各地层的岩性、厚度、时代和地层间的接触关系等。地层柱状图可以附在地质图的左边也可以单独成为一幅图。

(5)地层剖面图　是反映图区内某一重点部位,横断面纵向上的切面情况,有助于更深入地了解图区的地层、构造等排列、分布的情况。

(6)正图　是表示图区内的综合地质条件以及地质图的主要内容。

3.地质体在图上的表现形式

(1)地层(岩层)　不同时代的地层(岩层)在图上用地层界线区分开来。地层的产状与地形之间的不同关系,呈现出不同的弯曲形态。

(2)褶皱构造 一般根据褶皱符号识别,也可根据岩层的新、老对称分布关系确定褶皱的类型和规模。

(3)断层构造 根据断层图例符号识别,可以判断断层的位置、规模、类型、产状等。在图上还可以分析出两侧岩层分布重复、缺失、中断、宽窄变化或错动等现象。

(4)地层接触关系 一般是在综合地层柱状图上有详细地说明,可以得出整合或平行不整合、角度整合的具体情况。

相关链接 对于工程来讲,主要是通过地质图来了解建筑场区内的综合地质条件,即建筑场区内的地形,地貌,地表水系,地层的分布、排列、岩性、产状、时代、厚度、接触关系,地质构造的数量、位置、规模、类型、产状等,岩浆岩体的出露位置、岩性、时代、产状等。综合地质条件也就是工程地质条件,对于道路工程影响很大。

4.读图步骤

(1)图名 图的位置和性质。

(2)比例尺 图上的距离和实际距离的比例关系,也代表了图的精度。

(3)综合地层柱状图 了解地层的厚度、岩性、接触关系、岩浆岩体的侵入情况。

(4)正图 图区内的地形、地貌、水系情况;地层的分布、排列、地层的产状以及产状变化情况;地质构造的类型、数量、产状、规模、形成时代等。

(5)地层剖面图 是反映图区内某一重点部位横断面纵向上的切面情况,有助于更深入地了解图区的地层、构造等排列、分布的情况。

关于地质图的一般性地质符号见附录。

实例分析 分析黑山寨地区综合地质图(图2-8、图2-9)

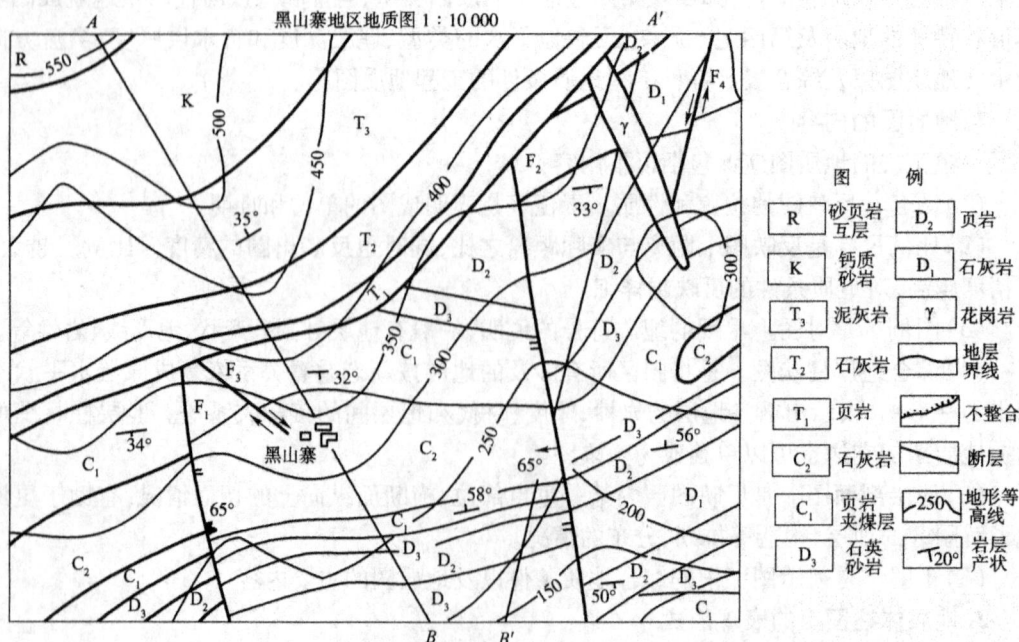

图 2-8

黑山寨 *A—B* 地质剖面图

1∶1 000

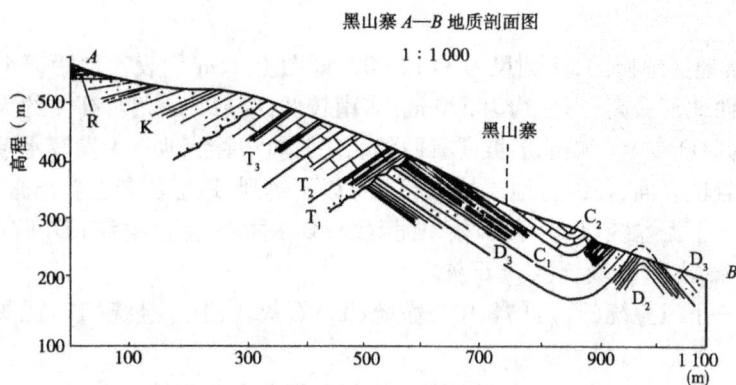

图 2-8 黑山寨地区地质图

黑山寨地区综合地层柱状图

地层单位			代号	柱状图	厚度（m）	地层岩性描述
界	系	统				
新生界	第三系		R		30	砂岩为主，局部为砂页岩互层
						——————角度不整合——————
中生界	白垩系		K		250	燕山运动，褶皱上升，缺失老第三系，为钙质砂岩夹页岩
						——————平行不整合——————
	三迭系	上	T_3		222	缺失侏罗系地层；上部为泥灰岩夹薄层钙质页岩；中部为厚层灰岩夹薄层泥灰岩；下部为页岩夹泥灰岩
		中	T_2			
		下	T_1			——————角度不整合——————
古生界	石炭系	中	C_2		103	海西运动，缺失上石炭系及二迭系地层；C_2 为中、厚层灰岩夹薄层灰岩；C_1 为页岩夹煤层，岩性软弱
		下	C_1			
						——————整合——————
	泥盆系	上	D_3		205	上部厚层石英砂岩，坚硬抗压强度高；中部为页岩，层理发育、岩性软弱；下部中厚层灰岩，性脆有溶洞
		中	D_2			
		下	D_1			

图 2-9 黑山寨地区综合地层柱状图

读图报告：

（1）黑山寨地区地质图，比例尺为1∶10 000，即图上1cm代表实地距离100m。本区的地形地貌特点是西北部最高，高程约为570m。东南较低，约100m；相对高差约为470m。东部有一山冈，高程为300多米。顺地形坡向有两条北北西向沟谷。地表为发育水系。

（2）地层岩性方面，在综合地层柱状图上可以了解到，地层从老至新出露的有：

古生界——下泥盆统（D_1）石灰岩、中泥盆统（D_2）页岩、上泥盆统（D_3）石英砂岩、下石炭统（C_1）页岩夹煤层、中石炭统（C_2）石灰岩。

中生界——下三叠统（T_1）页岩、中三叠统（T_2）石灰岩、上三叠统（T_3）泥灰岩、白垩系（K）钙质砂岩。

新生界——第三系（R）砂、页岩互层，古生界地层分布面积较大。

中生界、新生界地层出露在北、西北部。除沉积岩层外，岩浆岩体有花岗岩脉侵入，出露在东北部。侵入在三叠系以前的地层中，属受海西构造运动时期形成侵入的岩浆岩体。花岗岩脉（γ）切穿泥盆系（D）及下石炭统（C_1）地层并侵入其中，故为侵入接触，因未切穿上覆下三叠统（T_1）地层，故γ与T_1为沉积接触，说明花岗岩脉（γ）形成于下石炭世（C_1）以后，下三叠世（T_1）以前，但规模较小，产状呈北北西—南南东分布的直立岩墙。

（3）地层之间的接触关系是：

第三系（R）与其下伏白垩系（K）产状不同，为角度不整合接触。

白垩系（K）与下伏上三叠统（T_3）之间，缺失侏罗系（J），但产状大致平行，故为平行不整合接触。

T_3、T_2、T_1之间为整合接触。下三叠统（T_1）与下伏石炭系（C_1、C_2）及泥盆系（D）直接接触，中间缺失二叠系（P）及上石炭统C_3，且产状呈角度相交，故为角度不整合。

由C_2至D_1各层之间均为整合接触。

（4）地质构造方面，总体的岩层产状：R为水平岩层；T、K为单斜岩层，产状330°∠35°；D、C地层大致近东西或北东东向延伸。

（5）区内的褶皱构造有：

①古生界地层从D_1至C_2由北部到南部形成三个褶皱，依次为背斜、向斜、背斜。褶皱轴向为NE75°～80°。

②东北部背斜，背斜核部较老地层为D_1，北翼为D_2，产状345°∠36°；南翼由老到新为D_2、D_3、C_1、C_2，岩层产状165°∠36°；两翼岩层产状，为直立褶皱。

③中部向斜，向斜核部较新地层为C_2，北翼即上述背斜南翼；南翼出露地层为C_1、D_3、D_2、D_1，产状345°∠56°～58°。由于两翼岩层倾角不同，故为倾斜向斜。

④南部背斜，核部为D_1，两翼对称分布D_2、D_3、C_1，为倾斜背斜。这三个褶皱发生在中石炭世（C_2）之后，下三叠世（T_1）以前，因为从D_1至D_2、D_3、C_1的地层全部经过褶皱变动，而T_1以后的地层没有受此褶皱影响，但T_1～T_3及K地层是单斜构造产状，与D_1、C地层不同，它可能是另一个向斜或背料的一翼，是另一次构造运动所形成，发生在K以后，R以前。

（6）断层构造方面：

本区有F_1、F_2两条较大断层，因岩层沿走向延伸方向不连续，断层走向345°，断层面倾角较陡，F_1：75°∠65°；F_2：225°∠65°，两断层都是横切向斜轴和背斜轴的正断层。另外，从断层同侧向外核部C_2地层出露宽度分析，也可说明断层间的岩层相对下移，所以两断层的组合关系为地堑。

此外,还有 F_3、F_4 两条断层, F_3 走向300°, F_4 走向30°,为规模较小的平移断层。断层也形成于中石炭世(C_2)之后,下三叠世(T_1)以前,因为断层没有错断 T_1 以后的岩层,从总体的构造体系来看,对该区褶皱和断层分布时间和空间进行分析,它们是处于同一构造应力场,受到同一构造运动所形成。压应力主要来自北北西向,故褶皱轴向为北东东。F_1、F_2 两断层为受张应力作用形成的正断层,故断层走向大致与压应力方向平行,而 F_3、F_4 则为剪应力所形成的扭性断层。

实战演练 地质识图作业

依据朝松岭地区地质图(图2-10),完成下列各项任务。

(1)将各个地质时代的地层用不同的颜色区分出来。

(2)作图切剖面。

(3)编写地质报告。

1:25 000

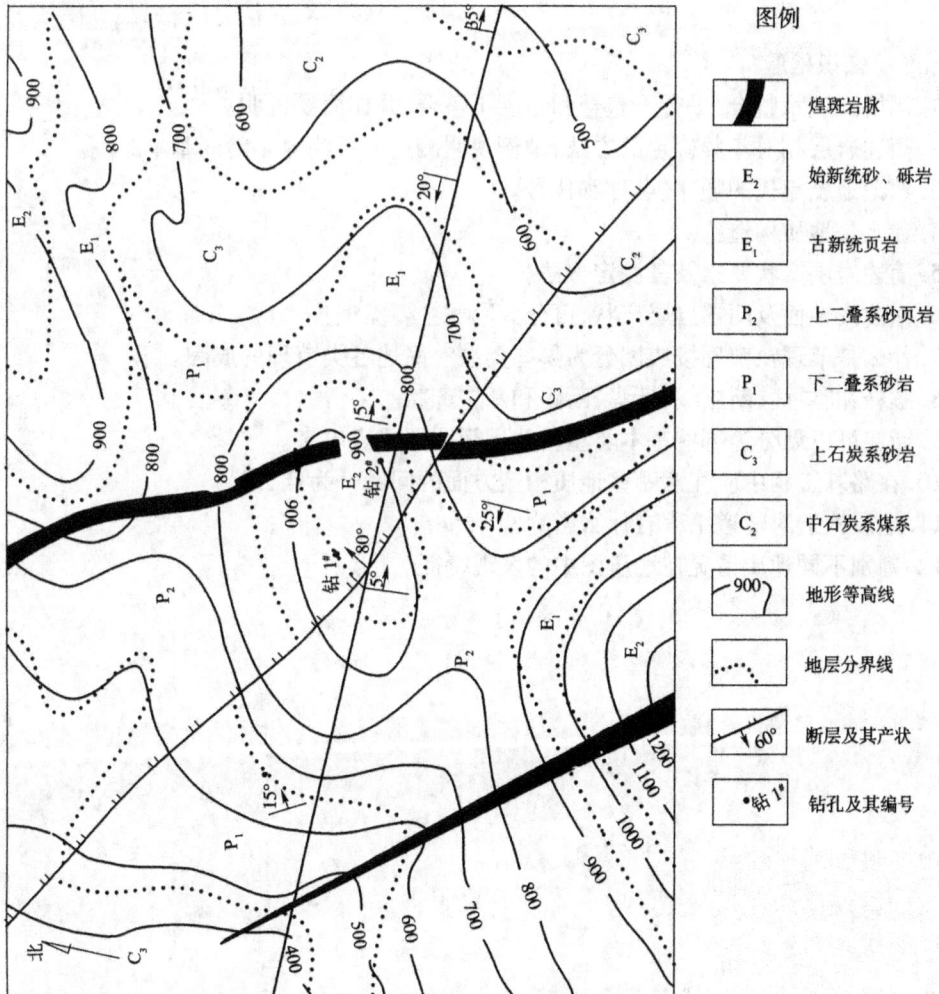

图2-10 朝松岭地区地质图

①图的位置、精度、性质;

②地形、地貌特征;

③出露地层的分布、岩性、层位的接触关系;

④褶皱构造;

⑤断层构造;

⑥地质发展历史。

图 2-10 中的钻孔资料如图 2-11 所示。

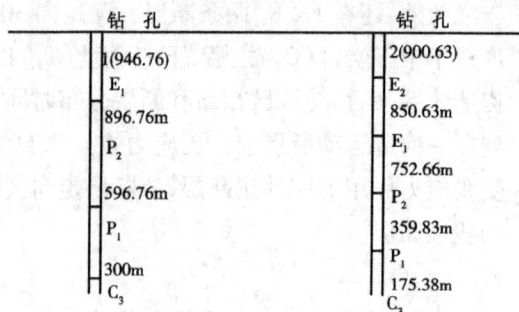

图 2-11　钻孔资料图

要领提示　地层剖面可以通过实测或图切两种方法获得。做 A'—B' 剖面图就是在给定的地质图上,用图切方法来完成的。首先要确定剖面图的横坐标和纵坐标的比例尺,然后用量角器量出剖面的走向并标在左边纵坐标上方。根据 A'—B' 与地形线的交点定出剖面的外形,根据 A'—B' 与地层线的交点定出地层分界点,然后根据产状符号来画出地层倾斜的角度,根据地层柱状图给出的岩性,画出岩性符号。将剖面线 A'—B' 区域的地质构造分析出来,表示在剖面图上,就完成了图切剖面的过程。

知识检验

1. 用简图表示整合、平行不整合和角度不整合,并作简要说明。

2. 简述岩层相对年龄确定的方法;举例说明测定岩石绝对年龄的基本原理。

3. 熟记地质年代的顺序、名称和代号。

4. 什么是地质构造?

5. 简述岩层产状要素及其测定方法。

6. 褶曲按轴面及两翼岩层产状,可分为哪些主要类型?

7. 什么是节理?节理按成因分为哪些类型?简述各类节理的成因。

8. 解释:断层面,断层线,断盘,断距和断层产状。

9. 断层可以划分为哪些基本类型?并用简明图式表出来。

10. 在路基工程中应注意哪些地质构造方面的问题?为什么?

11. 地质构造对隧道工程有什么影响?

12. 判别不同地质情况在地质图中的表现特征。

地貌与地下水的调查

情境导入

　　地貌与地下水也是属于建筑场区地质条件中重要的部分,对工程建筑的影响很大,通过这一情境的学习,可以在地质图上或野外实地对某一地区的地貌与地下水的基本情况进行调查。

学习目标

【知识目标】

1. 地貌基本知识;
2. 山岭、平原、第四纪地貌的类型、成因、特征;
3. 掌握地下水的物化性质;
4. 掌握地下水的基本类型、埋藏条件与特征。

【能力目标】

1. 学生能够划分不同的地貌单元;
2. 学生能够在野外进行初步的地貌调查;
3. 学生能够对地下水的类型进行调查;
4. 学生能够对地下水物化性质进行评估。

地貌调查

一、地貌的基本知识

1. 地貌的概念

地貌是指由于内、外力地质作用的长期进行,在地表形成的各种不同成因、不同类型、不同规模的起伏形态。

2. 地貌的形成

地貌是由内、外力地质作用长期不断地作用形成的。其中,内力作用形成了地壳表面的基本起伏,对地貌的形成和发展起着决定性的作用。内力作用的构造运动和岩浆活动,使地壳岩层受到强烈的挤压、拉伸或扭动,形成一系列褶皱带和断裂带,而且还在地壳表面造成大规模的隆起区和沉降区,形成大陆、高原、山岭、海洋、平原、盆地。岩浆的喷发活动形成的熔岩盖,覆盖面积可达数百以至数十万平方公里,厚度可达数百、数千米。内蒙的汉诺坝高原就是由熔岩盖形成高原的。外力作用则对内力作用形成的基本形态,进行不断的加工、修改,总趋势是削高补低,把地表夷平。地貌始终处于发展过程之中。

3. 地貌的分类与分级

1)陆地地貌按形态分类

陆地地貌按形态的分类见表3-1。

地貌的形态分类 表3-1

形态类别		绝对高度(m)	相对高度(m)	平均坡度(m)	举 例
山地	高山	>3 500	>1 000	>25	喜马拉雅山、天山
	中山	3 500~1 000	1 000~500	10~25	大别山、庐山、雪峰山
	低山	1 000~500	500~200	5~10	川东平行岭谷
	丘陵	<500	<200		
平原	高原	>600	>200		青藏、内蒙、黄土高原、云贵高原
	高平原	>200			成都平原
	低平原	0~200			东北、华北、长江中下游平原
	洼地	低于海平面高度			吐鲁番洼地

2)地貌按成因分类

(1)内力地貌 由内力地质作用形成的地貌,具体分为以下几类:

①构造地貌,是由地壳的构造运动所形成的地貌,例如高地符合以构造隆起和上升运动为主的地区,盆地符合以构造拗陷和下降运动为主的地区,又如褶皱山、断块山等。

②火山地貌,是由火山喷发出来的熔岩和碎屑物质堆积成的地貌,如熔岩盖、火山锥等。

(2)外力地貌 以外力作用为主所形成的地貌,根据外动力的不同又分为:

①水成地貌,是以水的作用为地貌形成和发展的基本因素。水成地貌又可分为面状洗刷地貌、线状冲刷地貌、河流地貌、湖泊地貌与海洋地貌等。

②冰川地貌,是以冰雪的作用为地貌形成和发展的基本因素。冰川地貌又可分为冰川剥蚀地貌与冰川堆积地貌,前者如冰斗、冰川槽谷等,后者如侧碛、终碛等。

③风成地貌,是以风的作用为地貌形成和发展的基本因素。风成地貌又可分为风蚀地貌与风积地貌,前者如风蚀洼地、蘑菇石等,后者如新月形沙丘、沙垄等。

④岩溶地貌,是以地表水和地下水的溶蚀作用为地貌形成和发展的基本因素。其所形成的地貌如溶沟、石芽、溶洞、峰林、地下暗河等。

⑤重力地貌,是以重力作用为地貌形成和发展的基本因素。其所形成的地貌如崩塌、滑坡等。

此外,还有黄土地貌、冻土地貌、沙漠地貌等。

另外,在地貌学上将地表未固结成岩的松散沉积物划分为第四纪,称为第四纪地貌。这里主要介绍与公路工程关系密切的山岭地貌、平原地貌和第四纪地貌。

二、山岭地貌

相关链接 山的一般概念:山是陆地表面高度较大、坡度较陡、具有峰岭特征的隆起地貌。可以按规模分为:山岭——单独的具有峰岭特征的隆起,规模较小;山脉——山脊呈脉状延伸;山系——多个成因上有一定联系的山脉的组合体。

1. 山岭地貌的分类

1)按成因分

(1)构造山

①单面山,如图3-1所示,这是由单斜岩层构成的一种山岭。它常常是构造盆地的边缘和舒缓的背斜和向斜构造的翼部。两坡一般不对称,与岩层倾向相反的一坡短而陡,称为前坡,多受外力剥蚀强烈,故又称为剥蚀坡;与岩层走向一致的一坡长而缓,称为后坡或构造坡。

图3-1 单面山

单面山的前坡的工程地质特征是:地形陡峻,岩层裂隙发育,风化强烈,易产生崩塌,且其坡脚常分布有较厚的坡积物和倒石堆,稳定性差,故对敷设线路不利。后坡由于山坡平缓,坡积物较薄,是布设线路的理想的部位。在岩层倾角大的后坡上深挖路堑时,应注意边坡产生顺层滑坡问题。

②断块山,是由断裂变动所形成的山岭。可以在一侧有断裂,也可以两侧均有断裂存在。

③褶皱山,是由褶皱构造形成的山岭地貌。

(2)火山 是由火山作用形成的山岭,其形态与熔岩的性质有关。常见者有锥状火山和盾状火山。锥状火山是多次火山活动造成的,其熔岩黏性较大,流动性小,冷却后便在火山口附近形成坡度较大的锥状外形。盾状火山是由黏性较小、流动性大的熔岩冷凝形成,故其外形呈基部较大、坡度较小的盾状。

（3）剥蚀山　这种山岭是在山体地质构造的基础上，在相对稳定条件下，经长期外力剥蚀作用所形成的山岭。例如，地表流水侵蚀所形成的河间分水岭，冰川刨蚀作用所形成的刃脊、角峰，地下水溶蚀作用所形成的石灰岩峰林等，都属于此类山岭。

2）按形态分

按形态可分为极高山、高山、中山、低山、丘陵（表3-1）。在道路工程中，又进一步划分为重丘（200～100m）和微丘（100～50m）。

2. 与道路工程关系密切的山岭部位

1）垭口

垭口是山脊上高程较低的部位即鞍部，是在地质构造的基础上经外力剥蚀形成的。岩性、地质构造和外力剥蚀的性质和强度决定了垭口地貌的特点及其工程地质性质。根据垭口形成的主导因素，可以将垭口归纳为如下三个基本类型：

（1）构造型垭口　这是由构造破碎带或软弱岩层经外力剥蚀所形成的垭口。其常见者有下列三种：

①断层破碎带型垭口，如图3-2所示，这种垭口的工程地质条件比较差，岩体破碎严重，不宜采用隧道方案，应采用路堑，需控制开挖深度和坡度，并考虑边坡防护，以防止边坡发生崩塌。

②背斜张裂带型垭口，如图3-3所示，这种垭口虽然构造裂隙发育，岩层破碎，但工程地质条件较断层破碎带型为好。这是因为两侧岩层外倾，有利于排除地下水，有利于边坡稳定，一般可采用较陡的边坡坡度。

③单斜软弱层型垭口，如图3-4所示，这种垭口主要由页岩、千枚岩等易于风化的软弱岩层构成。两侧边坡多不对称，一坡岩层外倾可略陡一些。由于岩性松软，风化严重，稳定性差，故不宜深挖，否则需放缓边坡并采取防护措施。

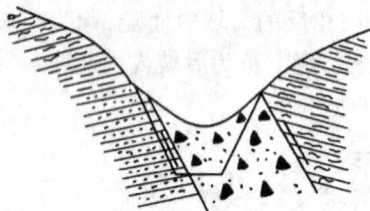

图3-2　断层破碎带型垭口示意图　　图3-3　背斜张裂隙型垭口示意图　　图3-4　单斜软弱层型垭口示意图

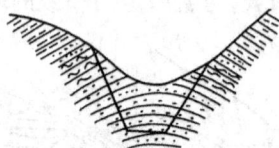

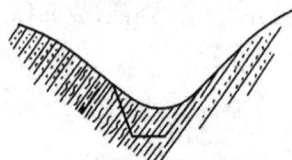

（2）剥蚀型垭口　是以外力强烈剥蚀为主导因素所形成的垭口，其特征与地质结构无明显联系。垭口的共同特点是松散覆盖层很薄，基岩多半裸露。

（3）剥蚀—堆积型垭口　是在地质结构的基础上，以剥蚀和堆积作用为主导因素所形成的垭口。这类垭口外形浑缓，垭口宽厚，松散堆积层的厚度较大。

2）山坡

自然山坡是在长期地质历史过程中逐渐形成的。山坡的形态特征是新构造运动、山坡的地质结构和外动力地质条件的综合反映，对公路的建筑条件有着重要的影响。

（1）按山坡的纵向坡度，可将山坡分为微坡、缓坡、陡坡、直立坡，如表3-2所示。

山坡按纵向坡度分类表　　　　　　　　　　　　表3-2

名称	微坡	缓坡	陡坡	直立坡
坡度	＜15°	15°～30°	30°～70°	＞70°

（2）按形态可将山坡分为直线形、凸线形、凹线形、梯状形，如表3-3所列。

山坡按形态分类表 表 3-3

形状	直线形	凸线形	凹线形	梯状形
成因	岩性单一，单斜岩层构成，岩性破碎	新构造运动加速上升	新构造运动减速上升	岩层软硬不同，滑坡

三、平原地貌

平原地貌是地表的基本形态之一，是在地壳升降运动微弱的条件下，经外力作用的充分夷平或堆积形成的。其特点是地势开阔平缓，地面起伏不大。

1. 平原的分类及特点

1）按高程分

按高程，平原可分为高原、高平原、低平原和洼地（表3-1）。

2）按成因分

按成因，平原可分为堆积平原、剥蚀平原、构造平原三种类型。

（1）堆积平原　此类平原系在地壳缓慢而稳定下降的条件下，经各种外力作用的堆积填平所形成，其特点是地形开阔平缓，起伏不大，往往分布有厚度很大的松散堆积物。按外力堆积作用的动力性质不同，堆积平原又可分河流冲积平原、山前洪积冲积平原、湖积平原、风积平原和冰碛平原，其中，较为常见的是前三种。

河流冲积平原系由河流改道及多条河流共同沉积形成。它大多分布于河流的中、下游地带，因为在这些地带河床常常很宽，堆积作用很强，且地面平坦，排水不畅，每当雨季洪水易于泛滥，其所携带的大量碎屑物质便堆积在河床两岸，形成天然堤。当河水继续向河床以外广大面积淹没时，流速锐减，堆积面积越来越大，堆积物越来越细，久而久之，便形成广阔的冲积平原。

河流冲积平原地形开阔平坦，是工程建设的良好条件，对公路选线也十分有利。但其下伏基岩往往埋藏很深，第四纪堆积物很厚，且地下水一般埋藏较浅，地基土的承载力较低，在冰冻潮湿地区道路的冻胀翻浆问题比较突出。此外，还应注意，为避免洪水淹没，路线应设在地形较高处，而在淤泥层分布地段，还应注意其对路基、桥基的强度和稳定性的影响。

湖积平原系由河流注入湖泊时，将所挟带的泥沙堆积湖底逐渐淤高，湖水溢出、干涸所形成。其地形之平坦为各种平原之最。

湖积平原中的堆积物，由于是在静水条件下形成的，故淤泥和泥炭的含量较多，其总厚度一般也较大，其中，往往夹有多层呈水平层理的薄层细砂或黏土，很少见到圆砾或卵石，且土颗粒由湖岸向湖心逐渐由粗变细。

湖积平原地下水一般埋藏较浅。其沉积物由于富含淤泥和泥炭，常具可塑性和流动性，孔隙度不大，压缩性高，故承载力很低。

（2）剥蚀平原　此类平原系在地壳上升微弱的条件下，经外力的长期剥蚀夷平所形成，其特点是地形面与岩层面不一致，上覆堆积物常常很薄，基岩常常裸露地表，只是在低洼地段有时才覆盖有厚度稍大的残积物、坡积物、洪积物等。按外力剥蚀作用的动力性质不同，剥蚀平原又可分为河成剥蚀平原、海成剥蚀平原、风力剥蚀平原和冰川剥蚀平原。其中，较为常见的是前面两种剥蚀平原。河成剥蚀平原系由河流长期侵蚀作用所造成的侵蚀平原，亦称准平原，其地形起伏较大，并向河流上游逐渐升高，有时在一些地方则保留有残丘。海成剥蚀平原系由海流的海蚀作用所造成，其地形一般极为平缓，微向现代海平面倾斜。

剥蚀平原形成后，往往因地壳运动变得活跃，剥蚀作用重新加剧，使剥蚀平原遭到破坏，故其分布面积常常不大。剥蚀平原的工程地质条件一般较好。

（3）构造平原　此类平原主要由地壳构造运动所形成，其特点是地形面与岩层面一致，堆积物厚度不大。构造平原又可分为海成平原和大陆拗曲平原，前者系由地壳缓慢上升、海水不断后退所形成，其地形面与岩层面一致，上覆堆积物多为泥沙和淤泥，并与下伏基岩一起微向海洋倾斜；后者系由地壳沉降使岩层发生拗曲所形成，岩层倾角较大，平原面呈凹状或凸状，其上覆堆积物多与下伏基岩有关。

由于基岩埋藏不深，所以构造平原的地下水一般埋藏较浅，在干旱或半干旱地区如排水不畅，常易形成盐渍化，在多雨的冰冻地区则常易造成道路的冻胀和翻浆。

2. 平原的成因与特点

平原的成因与特点见表3-4。

平原的成因与特点　　　　表3-4

名称	构 造 平 原	堆 积 平 原	剥 蚀 平 原
成因	构造运动	流水、湖泊、风等堆积	风化、剥蚀
特征	地形面与岩层面一致，堆积物厚度不大	堆积物很厚，地下水一般埋藏较浅，地基土的承载力较低	地面与岩层产状不一致，堆积物很薄，基岩裸露

四、第四纪地貌

第四纪地貌是指第四纪以后形成的各种松散的沉积物堆积而成的地貌。一般将未形成坚硬岩石的松散的沉积物都划为第四纪沉积物。

1. 残积地貌

残积地貌为岩石风化的产物，一部分被风、流水等搬运介质带走，残留原地的部分就是残积层。

1）岩石风化等级分类（表3-5）

岩石风化等级分类表　　　　表3-5

风化程度	野 外 特 征	风化系数
未风化	岩石新鲜，偶见风化痕迹	0.9～1.0
微风化	岩石结构基本未变，少量风化裂隙	0.9～0.8
中等风化	结构部分破坏，风化裂隙发育，岩体被切割成块体。不易挖掘	0.8～0.4
强风化	岩石结构大部分破坏，岩体破碎，可挖掘	<0.4
全风化	岩石结构基本破坏，尚有残余强度，易挖掘	
残积土	岩石结构全部破坏，风化成土	

注：风化系数为风化岩石与新鲜岩石饱和单轴抗压强度之比。

2）岩石风化过程

岩石风化过程参见图3-5。

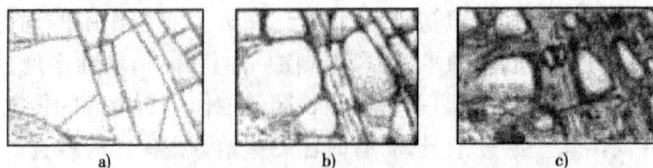

a)　　　　　　　b)　　　　　　　c)

图3-5　岩石风化过程

a)岩石被裂隙所切割；b)球状风化初期；c)球状风化晚期

相关提示 地面流水是指沿陆地表面流动的水体,根据流动的特点,地面流水可分为片流、洪流和河流三种类型。沿地面斜坡呈片状流动的叫片流,无固定流路,当片流汇集于沟谷中形成急速流动的水流时,称为洪流。同片流不同的是,洪流不仅有固定的流路,而且水量集中。片流和洪流仅出现在雨后或冰雪融化时的短暂时间内,因此,它们都称为暂时性流水。沿着沟谷流动的经常性流水称为河流。

2. 坡积地貌

由坡面细流洗刷形成的地貌称为坡积地貌。

1)片流的地质作用

片流的地质作用称为洗刷作用,一方面水流洗刷使得坡面均匀降低,变得浑圆;另一方面,在坡脚下形成裙摆状堆积地貌,称为坡积层(裙)。

2)坡积层及特征

坡积层未经过长途搬运,沉积物棱角分明,分选性差,土层的含水率大,承载力较差。

3. 洪积地貌

由具有一定流路,快速流动的洪流冲刷形成的地貌称为洪积地貌。

1)洪流的地质作用

洪流的地质作用称为冲刷作用,在坡面上形成冲沟,切割、破坏坡面。在沟口处形成扇状的堆积地貌称为洪积层(扇)。

2)洪积层及特征

洪积层在气候、土质、植被条件适合时,冲沟可发展、扩大,对坡面破坏强烈,对线路的展布影响很大。

4. 河谷地貌

1)河流的地质作用

河流的地质作用称为冲积作用,分为以下三个方面:

(1)河流的搬运作用—河水以自身的动力对风化物的搬运过程。被搬运物的体积与水流的速度成正比。

(2)河流的侵蚀作用—河流对河谷周围岩石进行破坏的过程,有下蚀和侧蚀两种方式。

下蚀作用的强度与河水所具有的动能有关,它取决于河流的流速和泥沙含量。河流的上游区坡度大,河水流速大,搬运力强,下蚀作用明显,常形成横剖面呈 V 字的深切峡谷。

下蚀作用在深切河谷的同时,也使河流向着源头方向的斜上方发展,称为向源侵蚀。有时,一条河的向源侵蚀会将另一条河切断,将其上游的河水夺过来,这种现象称为河流袭夺(图3-6)。

河流的下蚀作用不是永无止境的,当它达到一定高度会停止。下蚀作用的极限称为侵蚀基准面。海平面是所有入海河流的最终侵蚀基准面。

使河谷加宽的侵蚀作用称为侧蚀作用。在河流的中、下游,侧蚀作用占主导地位。河水也会在惯性和离心力的作用下涌向凹岸,形成单向

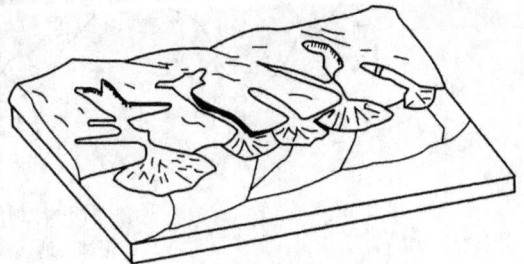

图3-6 河流袭夺

或横向环流。它的作用是使凹岸不断遭受侵蚀,岸边不断遭到破坏后退,而侵蚀下来的物质则被冲向凸岸并沉积下来,形成河漫滩,这样作用的结果使河流更加弯曲,当达到一定程度时,河床的坡度越来越小,河流的动能已不足以引起侧蚀作用时,河床发展到极限的弯曲程度,称为蛇曲(图3-7)。

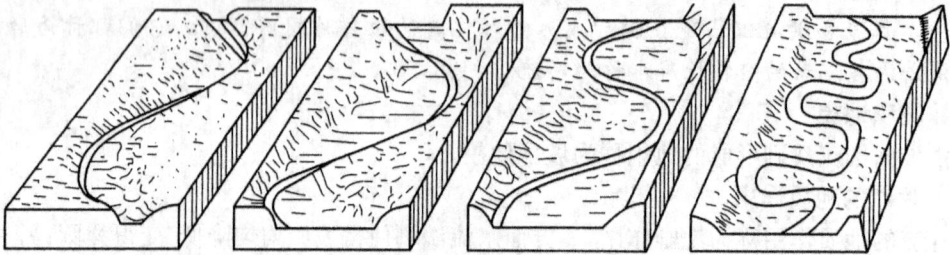

图3-7 侧蚀作用

(3)河流的沉积作用——当河流的水动力条件发生改变,在河谷两侧、河床内、河口等处都可以形成沉积地貌,如河漫滩、心滩、三角洲等。在漫长的地质演化时期,由于河床的多次变更,大量的河流冲积物形成冲积平原,如长江中下游平原、松辽平原等。

2)河谷地貌及特征

河谷按形态可以分为"V"形谷、"U"形谷和阶地形河谷三种类型。

(1)"V"形谷 是下蚀作用强烈的结果,河流没有堆积物,是一般山区河流的上游的河谷的形态。

(2)"U"形谷 是侧蚀作用强烈的结果,有大面积的河漫滩堆积物,是在地势较低河谷的形态。

(3)阶地形河谷 是以河流阶地的出现为特征的河谷。

河流阶地是指河谷两侧谷坡上呈条带状断续分布的不能被洪水淹没的台阶状地形。

若有数级阶地,按照高低位置的不同,自下而上可分别称为一级阶地、二级阶地等。

形成阶地的原因是复杂的。受地壳运动的影响,河流侧蚀和下侵蚀作用交替进行,当地壳上升时,河流下切强烈,河漫滩相对升高至洪水期也不再被水淹没时便成为阶地。如果上述作用反复交替进行,则老的河漫滩位置将不断相对抬高,并有新的阶地和新的河漫滩形成,故多次地壳运动将出现多级阶地。因而阶地可出现不同的类型:由河流侵蚀作用而形成的可称为侵蚀阶地,其特征是阶地面上没有或只有很少的沉积物;当地壳下降或海平面上升,河流以沉积作用为主时,则形成堆积阶地;若河流的沉积作用和下切作用是交替进行的,还可形成下部为基岩、上部为沉积物的基座阶地。图3-8及图3-9所示分别为河流阶地的主要类型及阶地形河谷的形态。

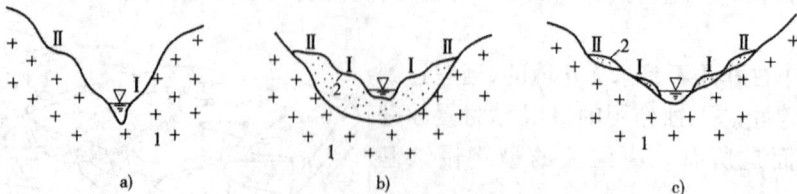

图3-8 河流阶地的主要类型

a)侵蚀阶地;b)堆积阶地;c)基座阶地

1-基岩;2-堆积物

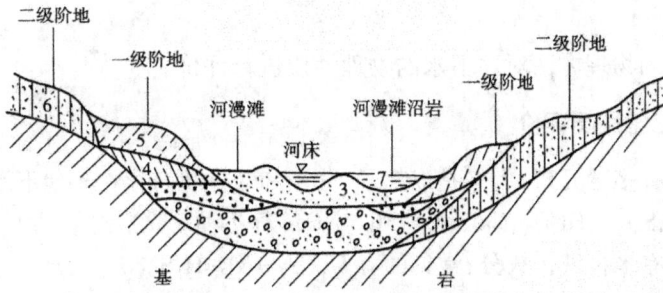

图 3-9　阶地形河谷的形态

第四纪地貌的类型还有很多,例如,冰积地貌,风积地貌,湖积地貌,海相沉积等。由于第四纪地貌多属于地表堆积的,所以与各类土木工程尤其是道路工程的关系密切。

项目二

了解地下水

知识导入　地球上的水存在于大气圈、水圈、岩石圈及生物圈中。地球上水的绝大部分分布于海洋中,在太阳热能作用下,海洋中的水分蒸发成为水汽,进入大气圈;水汽随水流运移至陆地上空,在适宜的条件下,重新凝结下降。降落的水分,一部分沿地面汇集于低处,成为河流、湖泊等地表水;另一部分渗入土壤岩石中,成为地下水。形成地表水的那部分水分有的重新蒸发成为水汽,返回大气圈,有的渗入地下形成地下水,其余部分则流入海洋(图 3-10)。

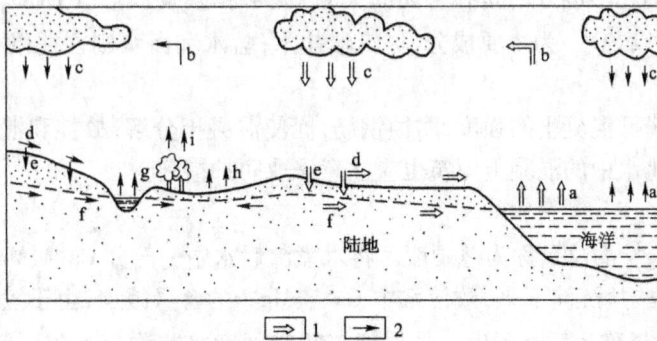

图 3-10　水、汽的转换

a-海洋蒸发;b-大气中水汽转移;c-降水;d-地表径流;e-入渗;f-地下径流;g-水面蒸发;h-土面蒸发;i-叶面蒸发

研究地下水的物理性质和化学成分对于了解地下水的成因与动态,确定地下水对混凝土等的侵蚀性,进行各种用水的水质评价等,都有着实际的意义。

一、地下水的物理性质评价

地下水的物理性质包括温度、颜色、透明度、气味、味道、密度、导电性和放射性等。地下水一般是无色的、透明、无气味、无味道。由于地下水充分接触岩层和土层,化学成分复杂,存在大量悬浮杂质,常常呈不同的温度、颜色、透明度、气味、味道、密度,具有导电性和放射性等物理性质。

可以用常用的物理方法对地下水的物理性质进行评价。

二、地下水化学性质评价

地下水中含有多种元素,大多是以离子、分子和气体状态存在于地下水中。

离子有 Cl^-、SO_4^{2-}、HCO_3、Na^+、K^+、Mg^{2+}、Ca^+ 等 7 种。

地下水中含有多种气体成分,常见的有 O_2、N_2、CO_2、H_2S。

地下水中呈分子状态的化合物(胶体)有 Fe_2O_3、Al_2O_3、H_2SiO_4 等。

1. 氢离子浓度(pH 值)

氢离子浓度是指水的酸碱度,用 pH 值表示。$pH = lg\lceil H^+ \rceil$。地下水的氢离子浓度主要取决于水中 HCO_3^-、CO_3^{2-} 和 H_2CO_3 的数量。大多数地下水的 pH 值在 $6.5 \sim 8.5$ 之间。水按 pH 值的分类见表 3-6。

水按 pH 值分类 表 3-6

水的类别	强酸性水	弱酸性水	中性水	弱碱性水	强碱性水
pH 值	<5	5~7	7	7~9	>9

2. 总矿化度

水中离子、分子和各种化合物的总量称为总矿化度。以 g/L 表示,它表示水的矿化程度。通常以在 $105 \sim 110℃$ 温度下将水蒸干后所得干涸残余物的含量来确定。根据矿化程度可将水分为五类,如表 3-7 所示。

水按矿化度分类 表 3-7

水的类别	淡水	微咸水	咸水	盐水	卤水
矿化度	<1	1~3	3~10	10~50	>50

矿化度与水的化学成分之间有密切的关系:淡水和微咸水常以 HCO_3^- 为主要成分,称重碳酸盐水;咸水常以 SO_4^{2-} 为主要成分,称硫酸盐水;盐水和卤水则往往以 Cl^- 为主要成分,称氯化物水。

高矿化水能降低混凝土的强度,腐蚀钢筋,促使混凝土分解,故拌和混凝土时不允许用高矿化水。在高矿化水中的混凝土建筑也应注意采取防护措施。

3. 水的硬度

水中 Ca^{2+}、Mg^{2+} 的总量称为总硬度。将水煮沸后水中一部分 Ca^{2+}、Mg^{2+} 的重碳酸盐因失去 CO_2,而生成碳酸盐沉淀下来,致使水中 Ca^{2+}、Mg^{2+} 的含量减少,由于煮沸而减少的这部分 Ca^{2+}、Mg^{2+} 的总含量称为暂时硬度。总硬度与暂时硬度之差称为永久硬度,相当于煮沸时未发生碳酸盐沉淀的那部分 Ca^{2+}、Mg^{2+} 的含量。

硬度表示法有两种,一种是德国度,每一度相当于 1L 水中含有 10mg 的 CaO 或 7.2mg 的 MgO;另一种是每升水中 Ca^{2+} 和 Mg^{2+} 的毫摩尔数。1 毫摩尔硬度 = 2.8 德国度。根据硬度可将水分为五类,如表 3-8 所示。

水按硬度分类 表 3-8

水的类别	极软水	软水	微硬水	硬水	极硬水
$Ca^{2+} + Mg^{2+}$ 毫摩尔硬度	<1.5	1.5~3.0	3.0~6.0	6.0~-9.0	>9.0
德国度	<4.2	4.2~8.4	8.4~16.8	16.8~25.2	>25.2

三、地下水类型调查

根据地下水的埋藏条件,可以把地下水划分为包气带水、潜水、承压水三类。根据含水层空隙性质的不同,可将地下水划分为孔隙水、裂隙水、岩溶水三类。按这两种分类,可以组合成9种不同类型的地下水。这里介绍按埋藏类型分类的几种类型。

1. 潜水

1) 潜水的概念

潜水是指饱水带中第一个连续隔水层之上具有自由表面的含水层中的重力水。

潜水面为自由水面,潜水面到隔水底板的距离称为潜水含水层厚度,潜水面到地面的距离为潜水埋藏深度(图3-11)。

2) 潜水的特征

潜水的特征主要是补给、排泄、运动、动态变化方面的性质。

(1) 分布区与补给区、排泄区一致。潜水在其分布范围内,都可以通过包气带接受大气降水、地表水或凝结水的补给。排泄方式,一是以泉、渗流泄出地表或流入地表水,一是通过包气带或植物蒸发进入大气。

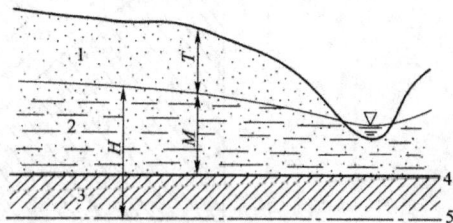

图3-11 潜水埋藏示意图
1-砂层;2-含水层;3-隔水层;4-潜水面;5-基准线;
T-埋藏深度;M-含水层厚度;H-潜水位

(2) 动态变化大。在丰水季节或年份,潜水接受的补给量大于排泄量,潜水面上升,含水层厚度增加,埋藏深度变小。在干旱季节,排泄量大于补给量,潜水面下降,含水层变薄,埋藏深度增大。潜水的动态有明显的季节变化。潜水动态变化的影响因素有自然因素和人为因素两方面,自然因素有气象、水文、地质和生物等;人为因素有兴修水利、大面积灌溉和疏干等。

(3) 潜水具有自由水面,在重力作用下从高水位的地方向低水位处径流,潜水面向排泄区倾斜的曲面,起伏基本与地形一致,但较地形起伏缓和。

潜水的调查主要是依据钻孔资料来进行的。

2. 上滞水

上滞水是指在包气带内局部隔水层上积聚的具有自由水面的重力水,包气带是指从地表至自由水面以上的非包水带。包气带水有上滞水和毛细水、土颗粒表面的结合水等形式。土中的毛细水、结合水等对土的性质和特征的影响很大,在介绍土的工程性质内容中着重介绍。

上滞水接近地表,接受大气降水补给,以蒸发形式或向隔水底板边缘排泄,其主要特征是:受气候控制,季节性变化明显,雨季水量多,旱季水量少,甚至干涸。包气带水的存在,可使地基土的强度减弱,在寒冷的北方地区,易引起道路的冻胀和翻浆。此外,由于其水位变化大,常给工程的设计、施工带来困难。

3. 承压水

1) 概念

承压水是指充满于两个隔水层之间的含水层中的水,具有明显的承压性。承压水含水层上部的隔水层称为隔水顶板,下部的隔水层称为隔水底板,中间的距离为含水层厚度(图3-12)。形成承压水特殊的储水构造有两种,即适宜形成承压水的地质构造大致有两种:一是向斜构造,称为自流盆地;另一是单斜构造,称为自流斜地。

2）特征

（1）承压水的分布区和补给区是不一致的。

（2）地下水面承受静水压力，没有自由水面。

（3）承压水的水位、水量、水质及水温等受气象水文因素、季节变化的影响不显著。任一点的承压含水层的厚度稳定不变，不受降水季节变化的支配。

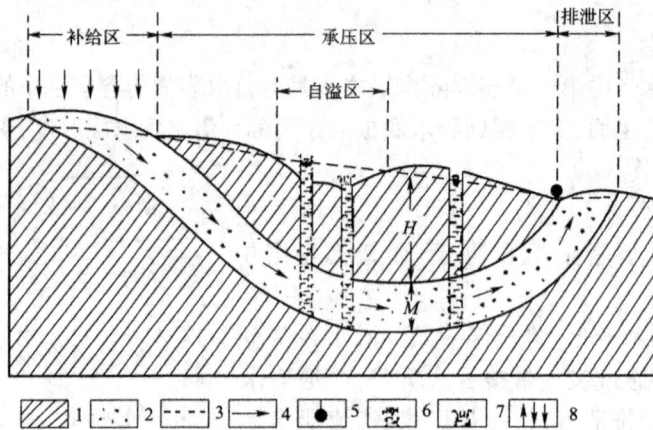

图 3-12　承压水

1-隔水层；2-含水层；3-地下水位；4-地下水流向；5-泉；6-钻孔；7-自喷井；8-大气降水补给；H-承压水头；M-含水层厚度

四、泉

地下水在地表的天然出露叫泉，是地下水的主要排泄方式之一。研究泉对了解地质构造和地下水都有很大意义。

泉的出露多在山麓、河谷、冲沟等地面切割强烈的地方，平原地区堆积物厚，切割微弱，地下水不易出露，所以平原地区极少见到泉。

泉的类型很多，从不同的角度可以作不同的分类。下面介绍两种常用的分类。

1. 根据出露原因分类

（1）侵蚀泉　河谷切割到潜水含水层时，潜水即出露为侵蚀下降泉［图 3-13a）］；若切割承压含水层的隔水顶板时，承压水便喷涌成泉称为侵蚀上升泉［图 3-13b）］。

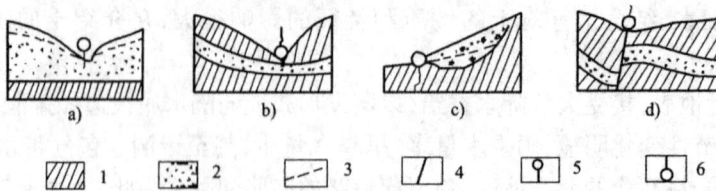

图 3-13　不同类型的泉

a）侵蚀下降泉；b）侵蚀上升泉；c）接触泉；d）断层泉

1-隔水层；2-透水岩层；3-地下水位；4-导水断层；5-下降泉；6-上升泉

（2）接触泉　透水性不同的岩层相接触，地下水流受阻，沿接触面出露，称为接触泉［图 3-13c）］。

（3）断层泉　断层使承压含水层被隔水层阻挡，当断层导水时，地下水沿断层上升，在地面高程低于承压水位处出露成泉，称为断层泉［图 3-13d）］。沿断层线可看到串珠状分布的断层泉。

2. 根据泉水温度分类

（1）冷泉　泉水温度大致相当或略低于当地年平均气温叫冷泉。这种冷泉大多由潜水补给。

（2）温泉　泉水温度高于当地年平均气温叫温泉，如陕西临潼华清温泉水温 50℃。温泉的起源有二：一受地下岩浆的影响；二受地下深处地热的影响。

五、地下水运动性质的调查

1. 达西定律

在岩土孔隙比较小的情况下（中砂以下颗粒的孔隙），地下水以层流的方式渗透，并遵守达西定律。法国水力学家达西通过大量的试验，揭示了重力水在岩土孔隙中运动的规律。表达式为：

$$Q = K \times F \times \frac{\Delta H}{L}$$

公式简化后为：

$$v = K \times I$$

式中：Q——单位时间内透过的水量（m^3/s）；

K——渗透系数（m/s）；

F——透过水流的过水截面（m^2）；

I——水力梯度，单位流程长度上的水头差，$I = \frac{\Delta H}{L}$。

对于颗粒大于粗砂、砾石、卵石等粗粒土，其孔隙大、水渗透速度大的渗透称为紊流。紊流渗透速度遵守哲才定律，属于非线性渗透定律，其表达式为：

$$v = K \times I^{\frac{1}{2}}$$

2. 渗透系数 K 的确定

渗透系数的大小反映了土的渗透性能，是衡量土的透水性强弱的一个重要的力学性质指标，确定的方法有三种：室内试验、野外试验、按岩土类型经验值试验。

1）室内实验

室内测定试验有两种：用常水头及变水头渗透试验，前者适用于透水性较强的粗粒土，后者适用于透水性较弱的细粒土。

常水头试验在整个试验过程中试样的上、下游水头保持为常数，其试验装置如图 3-14 所示，L 为试样厚度，A 为试样截面积，h 为试样的水头差，这三者可直接量出。试验中只需测定某一时段 t 内流经试样的水量 Q，即可按达西定律求出渗透系数，即：

$$K = QL/Ath$$

对于透水性较弱的细粒土，由于粒间孔隙小，某一时段内流经试样的水量就很小。另外，由于蒸发及温度变化等因素的影响，致使流量难以准确量出，故对细粒土常采用变水头试验。变水头试验是在整个试验过程中，渗透水头差随时间不断地变化的一种试验方法，其试验装置如图 3-14 所示。L 为试样厚度，A 为试样截面积。设试管的截面积为 a，试验过程中，任一时刻 t 的水头为 h，经过 dt 时段

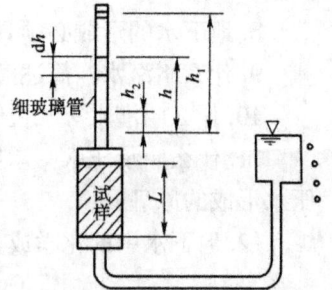

图 3-14　常水头试验示意图

后,试管中的水位降落为 dh,则在 dt 时段内流经试样的水量 dQ 为:$dQ = -adh$(负号表示水量随水头的下降而增加)。根据达西定律,dt 时段内流经试样的水量可表示为:$dQ = Kadt(h/L)$ 积分化简后,得出渗透系数计算公式:

$$K = 2.3 \, al/A(t_2 - t_1)\lg h_1/h_2$$

为使得试验数据具有可比性,采用20℃水温测定,表示为 K_{20}[详见《公路土工试验规程》(JTG E40—2007)]。

2)野外试验

现场测试的方法有抽水试验,由于造价很高,一般不采取。

3)经验值

在不需要精确计算的情况下,也可以采用经验值,见表3-9。

渗透系数 K 的经验值

表 3-9

名　　称	渗透系数	名　　称	渗透系数
黏土	<0.005	均质中砂	35 ~ 50
粉质黏土	0.005 ~ 0.1	粗砂	20 ~ 50
粉土	0.1 ~ 0.5	圆砾	50 ~ 100
粉砂	0.5 ~ 1.0	卵石	100 ~ 500
细砂	1.0 ~ 5.0	稍有裂隙的岩石	20 ~ 60
中砂	5.0 ~ 20.0	裂隙多的岩石	>60

知识检验

1.什么叫地貌?地形和地貌在概念上有何不同?

2.影响地貌发育的基本因素有哪些?并略加分析。

3.什么叫单面山?它在地貌形态上与地质构造上具有哪些特征?在单斜谷中布设路线,应注意哪些问题?

4.常见的构造型垭口有几种(要绘出简明图示)?并试从工程地质条件方面作出评价。

5.什么叫河谷?用简图标明河谷形态要素,并略加说明。

6.什么叫河流阶地?按成因分有哪些不同的类型?试用略图表示它们的区别。

7.河流阶地对公路工程的测设有何意义?在不同阶地面上布设公路应注意哪些工程地质问题?

8.地下水的形成必须具备哪些条件?

9.什么叫潜水?简述潜水的补给条件和排泄方式。

10.什么叫潜水等水位线图?根据潜水等水位线图可解决一些什么问题?

11.什么叫承压水?承压盆地和承压斜地的承压水是怎样形成的(可用简图标出两者承压水形成的原理)?

12.地下水中的化学成分,通常以哪些状态存在?其中分布最广的是哪些化学元素?

地质灾害调查

情境导入

我国地域辽阔,自然条件复杂,在大规模的公路建设中,经常会遇到各种各样的特殊地质及不良地质地区(地段)。它们或者给路线的合理布局、工程设计和施工带来困难,或者给建筑物的稳定和正常使用造成危害。因此,认识它们,了解它们产生的条件,掌握它们形成和发展的规律性,以便采取相应的措施,改善或克服其不利的一面,是提高公路测设质量、减少道路病害,多快好省地完成工程任务的一个重要课题。

特殊地质及不良地质地区(地段)是多种多样的,常见的有崩塌、岩堆、滑坡、泥石流、地震、岩溶、风沙、雪害、沼泽、特殊土(软土、黄土、盐渍土、多年冻土)等。本学习情境中只介绍其中最常见的几种。

学习目标

【知识目标】

掌握几种常见的地质灾害概念、形成条件、发生规律、勘察要点、治理措施等基础知识。

【能力目标】

具有调查几种常见的地质灾害的能力,具有对几种常见的地质灾害提出治理方案的能力。

滑 坡 调 查

知识导入　滑坡与崩塌是边坡破坏的主要形式,是山区公路的常见路害,常使交通中断,影响正常运行。大规模的滑坡能堵塞河道、摧毁公路、破坏厂矿、掩埋村庄,危害很大。我国滑坡与崩塌主要分布地区有:西南地区(云、贵、川、藏),东南、中南的山岭、丘陵地区,西北黄土高原以及青藏高原和兴安岭的多年冻土地区。类型多而且分布广泛,发生频繁,危害严重,滑坡也较多。

只有正确地识认滑坡、崩塌的形态特征、形成机理、类型,才能进行调查与防治。

一、滑坡概念

滑坡是指斜坡上的岩、土体在自身重力作用下,沿一定的滑动面,部分保持原有内部结构整体下滑的地质现象(图4-1)。

滑坡体的形态一般有明显的边界,它是判断滑坡存在和范围的主要依据。

图4-1　滑坡示意图

二、滑坡的发育阶段

滑坡的发育、发展要经历不同的阶段,通常可划分为以下三个阶段。

1. 蠕滑阶段

边坡产生局部破坏面,后缘出现断续的张拉裂隙并有不太大的错距,两侧也出现断续的剪切裂隙,坡脚可能有挤压、渗水现象,但尚未形成贯通的滑动面。

2. 滑动阶段

滑动面已贯通并有出口,后部及两侧的主要裂隙也已经连通,两侧羽状裂隙已经错开,后缘下陷,滑坡壁出露,前缘隆起,坡面出现台阶,在高陡地带,可出现剧滑。如有树木,可形成"醉林"。

3. 稳定阶段

经过滑动后,滑体重心降低,能量消耗,阻力增加,滑体在自重作用下压密,裂隙闭合,滑坡趋于稳定。"醉林"可形成"马刀树"。

三、滑坡分类

滑坡的分类方法很多,具体类型见表4-1。

滑 坡 的 分 类 表 4-1

分类依据	分 类		滑 坡 描 述
岩性	土层滑坡	黏土滑坡	发生于黏土层中,个体较小,出现较多
		碎石土滑坡	坡积、洪积、残积、人工堆积形成的土层,多沿基岩面滑动,规模大、滑动慢,地下水丰富
		砂土滑坡	受振动砂层液化产生滑动,滑动面呈直线形态
		黄土滑坡	黄土层边缘高、陡的边坡产生滑动,具有崩塌性,破坏力强
		融冻土滑坡	冻土融化,含水率大
	岩层滑坡		发生于各类岩石层中的滑坡。易发生于页岩、泥岩、泥灰岩、凝灰岩、片岩、千枚岩、板岩等软质岩石中。滑坡多沿层面、断层、节理、片理及泥质夹层等结构面发生
滑动面与结构面的关系	均质滑坡		发生于无明显层理的土体或层面、节理不起控制作用的软质岩石中的滑坡,滑动面一般呈圆弧形态
	顺层滑坡		滑坡沿岩层层面或软弱结构面或土体和岩体接触面发生,滑动面常呈折线状或阶梯状
	切层滑坡		滑动面切过岩层面,滑动面形状受结构面的控制
受力状态	牵引滑坡		滑坡前部临空下滑,后部失去支持相继下滑
	推动滑坡		滑坡后部体积大,使得下滑力加大,推动前部滑动体下滑
滑体厚度	浅层滑坡		滑坡体厚度小于5m
	中层滑坡		滑坡体厚度5~20m
	深层滑坡		滑坡体厚度20~50m
滑体规模	小型滑坡		滑坡体体积小于3万立方米
	中型滑坡		滑坡体体积小于3~50万立方米
	大型滑坡		滑坡体体积小于50~300万立方米
滑动面形态	平面滑动		滑动体沿平行于坡面的单一结构面滑动
	楔性滑动		滑体沿两组斜交于坡面的结构面交线滑动
	圆弧滑动		滑坡体的阻力最小
	折线滑动		滑体沿下伏基岩面或相同倾向的结构面滑动

常见的滑坡示意图如图4-2。

四、滑坡形成的条件

产生滑坡的因素十分复杂,归结起来有以下几种:

(1)不良的地质条件　主要是组成边坡的土、岩体的性质、结构、构造和产状等。

(2)水的作用　90%以上的滑坡与水的作用有关。水来源有降水、地表水、地下水等。水

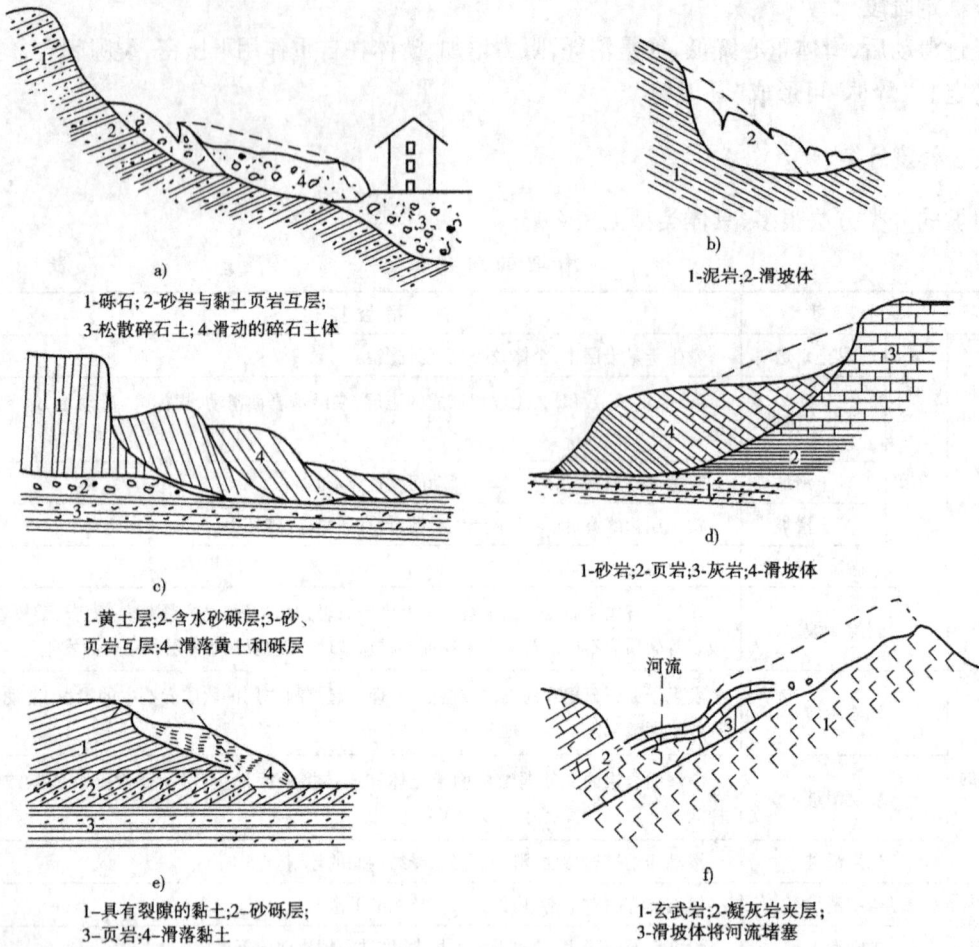

图 4-2 常见滑坡示意图

a)碎石土滑坡;b)均质层滑坡;c)黄土滑坡;d)切层滑坡;e)黏土滑坡;f)顺层滑坡

的作用在于增加滑动体的自重力和减小摩擦阻力。

（3）其他因素 工程中的过大挖方和工程爆破的影响;地震也是引发滑坡的一个因素。

五、滑坡的防治

防治原则是在符合经济效益的前提下,针对引起滑坡滑动的因素,采取相应工程措施阻止滑坡滑动。具体的措施主要有"排、挡、减、固"四种。

（1）排 是指排除地表水和疏干地下水,在滑体上方和两侧设置截水沟,在滑体上布置树枝状排水沟,使地表水不能进入或渗入滑体内。对于滑体内部的地下水,通常用盲沟、盲洞来疏导、引流,如图 4-3 所示。目前有采用打"水平钻孔群"引流的新技术。

（2）挡 是修建支挡结构物,如抗滑挡土墙(图 4-4)、抗滑片石垛、抗滑桩等措施,改善滑坡体的力学平衡条件。

（3）减 是在滑坡体上部挖方减重,并将土方转到下部,起到填方加压的作用,更能促使滑坡体趋于稳定。

（4）固 是采用注浆技术增大摩擦力(抗滑力)。目前也常采用锚固技术和锚固桩。

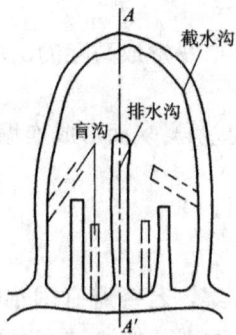

图 4-3　排除滑坡地表水和地下水示意图　　　图 4-4　抗滑挡土墙示意图

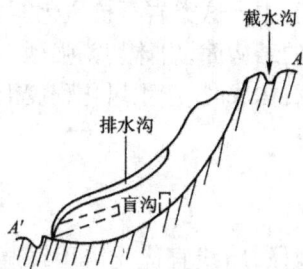

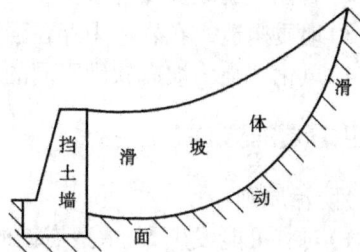

项目二

崩 塌 调 查

一、崩塌的概念

崩塌是指在陡坡地段,岩土体被陡倾的拉裂面破坏分割,在重力作用下岩块突然脱离母体,翻滚、坠落于坡下的现象(图 4-5)。

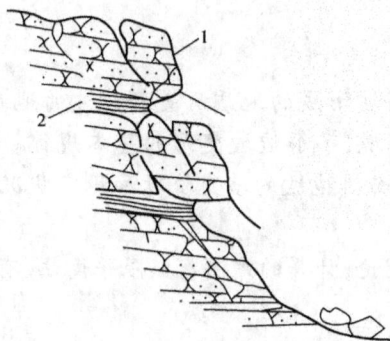

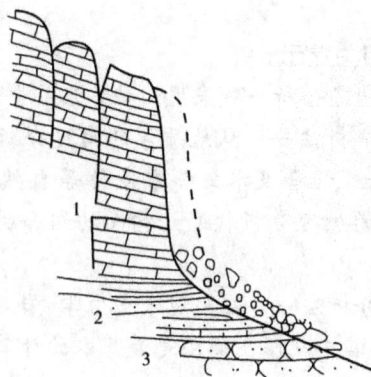

1- 砂岩;2- 页岩　　　　　　　　1- 灰岩;2- 砂页岩互层;3- 石英岩

图 4-5　崩塌示意图

二、崩塌的类型

崩塌按其特征和规模分为以下三类:

(1)山坡高陡、结构面发育、风化严重,易形成大规模的崩塌。

(2)山坡平缓,风化轻微,结构面密闭且不甚发育,山体稳定,形成的规模小(也称碎落)。

(3)界于(1)、(2)类之间。

三、形成条件

崩塌的形成与地形、地貌、岩性、地质构造、风化气候等因素有关。

（1）地形地貌　崩塌多发生于55°以上的高陡山坡上。

（2）岩性　崩塌多发生于坚硬的岩石中。这类岩石抗风化能力强，易形成高陡的山坡。

（3）地质构造　在岩体中存在强烈的结构面，岩体切割强烈。

（4）风化　当山坡有软硬不同的岩石构成时，产生风化程度上的差异，从而形成崩塌。

四、崩塌的防治

1）防治原则

（1）对有可能发生大、中型崩塌的地段，路线宜优先采用绕避方案。若绕避有困难时，可调整路线位置，离开崩塌影响范围一定距离，尽量减少防治工程，或考虑其他通过方案（如隧道、明洞等）。

（2）在设计和施工中，避免使用不合理的高陡边坡，避免大挖大切，以维持山体的平衡。在岩体松散或构造破碎地段，不宜使用大爆破施工，以防岩体振裂而引起崩塌。

2）防治措施

（1）清除坡面危石。

（2）坡面加固。采用坡面抹面、砌石铺盖等以防止软弱岩层进一步风化；采用灌浆、勾缝、镶嵌、锚栓以恢复和增强岩体的完整性。

（3）危岩支顶。修支垛、挡墙等支挡结构物增加斜坡的稳定性。

（4）拦截防御。比如，修落石平台、落石网、落石槽、拦石堤、拦石墙等。

（5）调整水流。比如，修筑截水沟、堵塞裂隙、封底加固附近的灌溉引水、排水沟渠，以防止水流大量渗入岩体而恶化斜坡的稳定性。

相关提示

边破稳定分析一般采用两种方法结合进行。

地质分析法——从地质学的角度分析研究斜坡形成的地质历史及边坡的地形地貌、地质构造、岩性组合及水文气象条件等自然地质环境，了解边坡变形的基本规律。采用赤平极射投影的原理分析软弱结构面的组合关系，从而对边坡的演变阶段和稳定状况作出定性评价。

力学分析法——应用现代土力学、岩石力学理论，计算的方法有极限平衡法、有限单元法和概率法，其中极限平衡法是最基本的计算方法。

项目三

泥石流调查

一、泥石流的概念

泥石流是发生在山区的特殊洪流，是由大量的泥沙、碎块石等固体物质和水混合成的黏性流体，在重力作用下，沿坡面或溪谷快速流动的一种自然地质现象。

我国是一个多山国家，山区面积达70%左右，是世界上泥石流最发育的国家之一。我国西南、西北、华北、华东、中南、东北等山区均有泥石流发育,遍及23个省、区,尤以西南、西北山区最多。天山—阴山山脉、昆仑—秦岭山脉、横断山脉、大凉山、雪峰山、大别山、长白山等山脉,都是泥石流发育地带。

二、泥石流的形成条件

1)大量的风化物

主要取决于泥石流沟内的地质环境。在地质构造复杂、断裂发育、新构造运动强烈和火山、地震发育的地区,岩石破碎,常发生崩塌,滑坡,形成了大量的岩石碎屑,为泥石流的发生提供了固体物质来源。

2)丰富的水源

水是泥石流的组成部分和固体物质的搬运介质,形成泥石流的水源主要有暴雨、冰雪融化等。

3)地形条件

泥石流一般发生在地形起伏较大(坡度大于30°)的山区。尤其是三面坏山,一面有出口的地方,最有利于山坡上固体物质和水的汇集,易发生泥石流。一条典型的泥石流沟,从上游到下游一般可分为形成区、流通区和沉积区三个区段(图4-6)。

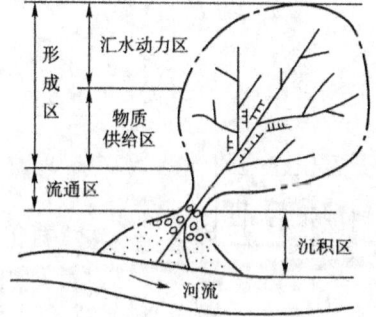

图4-6 泥石流流域分区示意图

三、泥石流的分类

1)根据泥石流流域的地貌分

根据泥石流流域的地貌,可将泥石流分为标准型泥石流、河谷型泥石流、山坡型泥石流。

(1)标准型泥石流 其特点是分区明显,面积一般在十几至几十平方公里。

(2)河谷型泥石流 流域呈狭长形态,分区不明显,无明显的流通区,与河流密切相关,常形成逐次搬运的"再生式泥石流"。

(3)山坡型泥石流 主要发生在山坡坡面的冲沟内。泥石流一般流程短,无明显的流通区,此类泥石流多数规模小、破坏轻,但对坡面上的设施有较大危害。

2)根据泥石流流体的性质分

根据泥石流流体的性质,可将泥石流分为黏性泥石流、稀性泥石流。

(1)黏性泥石流 固体物质大于50%的泥石流,破坏力较强。

(2)稀性泥石流 固体物质小于50%的泥石流,破坏力较弱。

泥石流还可以按发生的周期分为高频泥石流和低频泥石流。

四、泥石流的防治

对于泥石流的防治工作,要充分掌握其特征、规模、类型及破坏强度,采取避"强"制"弱"、局部防护、重点处理、综合治理的原则。

在形成区的防治应以水土保持生态措施为主,以达到延迟地表水汇流时间、降低洪峰流量、稳固风化物质的治理效果。

在流通区防治以拦渣坝为主,将泥石流物质拦截在沟中,不能到达下游或沟口建筑物场地。拦渣坝常见的有重力式挡墙和格栅坝两种,如图4-7所示。

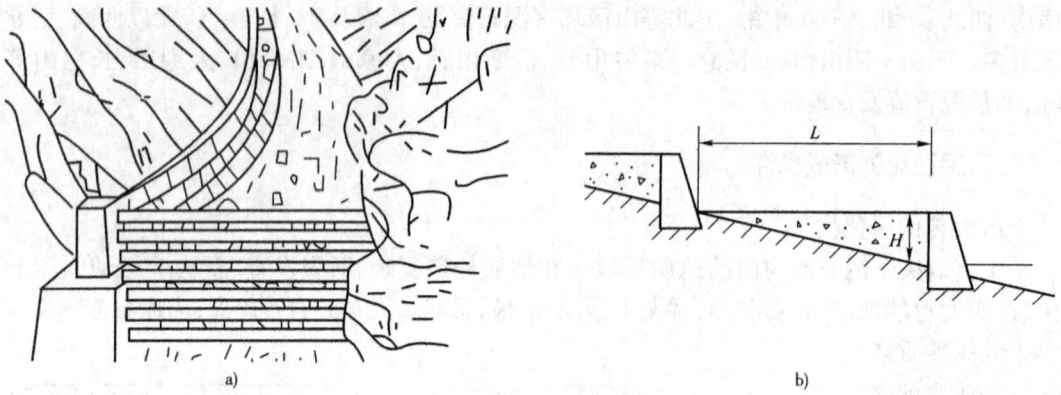

图4-7　泥石流防治示意图
a)格栅坝;b)重力式挡墙

项目四

了　解　地　震

一、地震的概念

地震是弹性波在地壳岩石中传播所引起的快速颤动。它是地壳运动的一种特殊形式,是一种常见的自然地质现象。据统计,地球每年发生地震50万次,大多数我们感觉不到。七级以上的破坏性地震平均每年约20次,通常只发生在少数地区。地震在我国地质灾害中列首位,20世纪我国共发生7级以上地震80次,60余万人死亡。

1.震源、震中、震中距

地震时,地下深处发生地震的地区称为震源,它是地震能量积聚和释放的地方。震源在地表的垂直投影叫震中,它是地震破坏最强的地区。从震中到震源的距离叫震源深度。从震中到任一地震台站的地面距离叫震中距(图4-8)。

2.地震波

地震发生时,震源处产生剧烈振动,以弹性波方式向四周传播,此弹性波称地震波。地震波在地下岩土介质中传播时称体波,体波到达地表面后,引起沿地表面传播的波称面波。

体波包括纵波和横波。纵波又称压缩波或P波,它是由于岩土介质对体积变化的反应而产生的,靠介质的扩张和收缩而传播,质点振动的方向与传播方向一致。纵波传播速度最快,平均为7~13km/s。纵波既能在固体介质中传播,也能在液体或气体介质中传播。

横波又称剪切波或S波,它是由于介质形状变

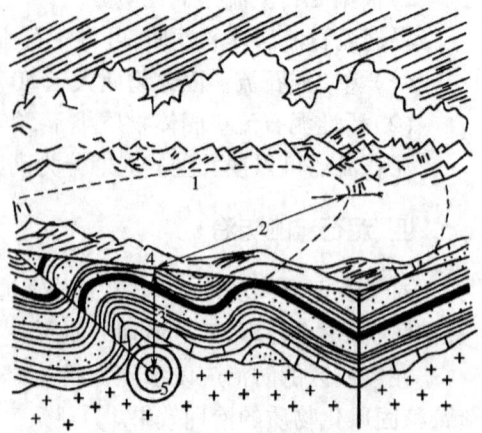

图4-8　地震名词解释示意图
1-等震线;2-震中距;3-震源深度;4-震中;5-震源

· 54 ·

化的结果,质点振动方向与传播方向垂直,各质点间发生周期性剪切振动。横波传播速度平均为 $4 \sim 7km/s$,比纵波慢。横波只能在固体介质中传播。

面波只限于沿地表面传播,一般可以说它是经地层界面多次反射形成的次生波。面波传播速率最慢,平均速率约为 $3 \sim 4km/s$。地震对地表面及建筑物的破坏是通过地震波实现的。纵波引起地面上、下颠簸,横波使地面水平摇摆,面波则引起地面波状起伏。纵波先到,横波和面波随后到达。由于横波、面波振动更剧烈,造成的破坏也更大。随着与震中距离的增加,振动逐渐减弱,破坏逐渐减小,直至消失。

3. 地震强度

通常用震级和烈度两种形式来表示地震的强度。

1)震级

震级是指地震能量大小的等级。从震源释放出来的弹性波能量越大,震级就越大。弹性波能量可用其振幅大小来衡量,用地震仪上记录到的最大振幅来测定。里氏震级 1 级地震所释放出来的能量相当于 $2 \times 10^6 J$。震级每增大一级,能量约增加 30 倍。一个 7 级地震相当于近 30 个 2 万吨级原子弹的能量。

小于 2 级的地震,人感觉不到,称为微震;$2 \sim 4$ 级地震称为有感地震;5 级以上地震引起不同程度的破坏,统称为破坏性地震或强震;7 级以上的地震称为强烈地震或大震。已记录的最大地震震级未有超过 8.9 级的,这是由于岩石强度不能积蓄超过 8.9 级的弹性应变能。

2)地震烈度

地震烈度是指某一地区的地面和各种建筑物遭受地震影响的强烈程度。我国和世界上大多数国家都把烈度分为十二度。

二、地震的成因类型

形成地震的原因是各种各样的。地震按其成因可分为以下四种。

1. 构造地震

由于地质构造作用所产生的地震称为构造地震,分布于新生代以来地质构造运动最为剧烈的地区。构造地震是地震的最主要类型,约占地震总数的 90%。

构造地震中最为普遍的是由于地壳断裂活动而引起的地震。这种地震绝大部分都是浅源地震,由于它距地表很近,对地面的影响最显著,一些巨大的破坏性地震都属于这种类型。一般认为,这种地震的形成是由于岩层在大地构造应力的作用下产生应变,积累了大量的弹性应变能,当应变一旦超过极限数值,岩层就突然破裂和发生位移而形成大的断裂,同时释放出大量的能量,以弹性波的形式引起地壳的振动,从而产生地震。此外,在已有的大断裂上,当断裂的两盘发生相对运动时,如在断裂面上有坚固的大块岩层伸出,能够阻挡滑动作用,两盘的相对运动在那里就会受阻,局部的应力就越来越集中,一旦超过极限,阻挡的岩块被粉碎,地震就会发生。

2. 火山地震

由于火山喷发和火山下面岩浆活动而产生的地面振动称为火山地震。在世界一些大火山带都能观测到与火山活动有关的地震。火山活动有时相当猛烈,但地震波及的地区多局限于火山附近数十里的范围。火山地震在我国很少见,主要分布在日本、印度尼西亚及南美等地。火山地震约占地震总数的 7%。

3.陷落地震

由于洞穴崩塌、地层陷落等原因发生的地震,称为陷落地震。这种地震能量小,震级小,发生次数也很少,仅占地震总数的3%。在岩溶发育地区,由于溶洞陷落而引起的地震,危害小,影响范围不大,为数亦很少。在一些矿区,当岩层比较坚固完整时,采空区并不立即塌落,而是待悬空面积相当大以后方才塌落,因而造成矿山陷落地震。矿山陷落地震对地面上的破坏不容忽视,对安全生产有很大威胁,所以也是地震研究的一个课题。

4.激发地震

在构造应力原来处于相对平衡的地区,由于外界力量的作用,破坏了相对稳定的状态,发生构造运动并引起地震,称为激发地震。属于这种类型的地震有水库地震、深井注水地震和爆破引起的地震,为数极少。由于建筑水库引起地震的问题,近来很受注意,因为它能达到较高的震级而造成地面的破坏,并进而危及水坝本身的安全。我国著名的水库地震发生于广东新丰江水库,该水库蓄水后地震即加强,震级越来越高,曾发生6.1级地震。

三、地震分布

地震并不是均匀分布于地球的各个部分,而是集中于某些特定的条带上或板块边界上。这些地震集中分布的条带称为地震活动带或地震带。

1.世界地震分布

世界范围内的主要地震带是环太平洋地震带与地中海—喜马拉雅山地震带,它们都是板块的汇聚边界。

2.我国地震分布

我国地处世界上两大地震活动带的中间,地震活动性比较强烈,主要集中在以下五个地震带:

(1)东南沿海及台湾地震带   以台湾的地震最频繁,属于环太平洋地震带。

(2)郯城—庐江地震带   自安徽庐江往北至山东郯城一线,并越渤海,经营口再往北,与吉林舒兰、黑龙江依兰断裂带连接,是我国东部的强地震带。

(3)华北地震带   北起燕山,南经山西到渭河平原,构成"S"形的地带。

(4)横贯中国的南北向地震带   北起贺兰山、六盘山,横越秦岭,通过甘肃文县,沿岷江向南,经四川盆地西缘,直达滇东地区,为一规模巨大的强烈地震带。

(5)西藏—滇西地震带   属于地中海—喜马拉雅山地震带。

项目五

了 解 岩 溶

一、岩溶的形成与特征

岩溶又称喀斯特(Karst——原南斯拉夫西北沿海一带石灰岩高原的地名),是可溶性岩层,如碳酸盐类岩层(石灰岩、白灰岩、白云质灰岩)或硫酸类岩层(石膏)、氯盐(岩盐)等,由于流水的长期化学作用和机械作用,以及由这些作用所产生的特殊地貌形态和水文地质现象等的总称。

1. 岩溶形成的基本条件

1)可溶性岩体的存在

可溶性岩体是岩溶形成的物质基础,因为岩溶主要是通过水对岩石溶解形成的。如果没有可溶性岩体,水就不可能对岩石进行溶蚀,岩溶区无从产生。

2)岩体的透水性

岩体必须具有透水性,水才能与岩体接触产生溶解和冲蚀作用,使岩溶得以发育。岩层透水性越好,岩溶发育也越强烈。而岩层的透水性又决定于裂隙和孔洞的多少和连通情况。

3)地下水的溶解能力

纯净的水对岩石的溶解能力很微弱,当水中含有 CO_2 时,水中的溶解能力随水中 CO_2 含量增加而加强。在 CO_2 的参与下,难溶的碳酸盐转变为易溶的重碳酸盐,如式:

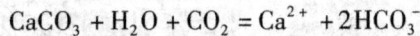

$$CaCO_3 + H_2O + CO_2 = Ca^{2+} + 2HCO_3^-$$

碳酸钙(石灰岩)与水中游离的 CO_2 作用生成易溶的重碳酸钙被水带走,石灰岩即被溶蚀了。由于溶解作用消耗了 CO_2,要水继续具备溶解能力,就需要补充 CO_2,这种补充是由水的流动即循环交替来完成的。因此,从空气、大气降水和土壤、植物以及生物化学作用中获得 CO_2 的地下水不断地更替,对可溶岩的溶蚀就能长期持续地进行,从而使岩溶得以不断发展。

2. 岩溶区的特征

岩溶地区主要的地表形态有下列几种。

1)溶沟、石芽、石林

地表水沿可溶性岩层的裂隙进行溶蚀、冲蚀,使岩层表面形成大小不同的沟槽,称为溶沟。石芽就是溶沟间残留的凸起石脊,因其形状如芽而得名。在厚层石灰岩层中形成的很大的石芽,如孤立的蜂林,称为石林。

2)漏斗、落水洞、竖井

漏斗、落水洞、竖井由岩溶水长期溶蚀和塌陷作用而形成。呈碟状或圆锥状地貌称为漏斗,地表水通向地下水、溶洞的通道称为落水洞;洞壁直立的井状管道,称为竖井。

3)溶蚀洼地、坡立谷

岩溶形成的小型盆状洼地,称为溶蚀洼地。面积较大,四周边缘陡峭,谷底平坦称为坡立谷。

主要的地下形态有:

1)溶蚀裂隙、溶洞、暗河

地下水沿可溶性岩体的各种裂隙,进行化学溶蚀和流水冲蚀,使原有的裂隙扩大,形成规模不同的空洞——溶蚀裂隙、溶洞、暗河。

2)石钟乳、石笋、天生桥

含有 $CaCO_3$ 的水从洞顶滴落下来,在洞内发生沉积,在洞顶自上而下形成长条的悬挂物称为石钟乳;在洞底自下而上形成的竹笋状的凸起,成为石笋;近地表的溶洞或暗河顶板塌陷,有时残留一段未塌陷洞顶,形成横跨水流呈桥状形态,故称为天生桥。

3)土洞

可溶性岩层之上被土层覆盖,由于地下水位降低或水动力条件改变,在真空吸蚀、淋滤、潜蚀、搬运作用下,使上部土层下陷、流失或坍塌,形成大小不一、形状不同的土洞。

关于岩溶地貌,可参见图4-9。

图4-9　岩溶地貌示意图

1-溶沟;2-石芽;3-溶斗;4-溶注;5-落水洞;6-溶洞;7-溶柱;8-天生桥;9-地下河及伏流;10-暗河;11-地下湖;12-暗湖;13-石钟乳;14-石笋;15-石柱;I-岩溶剥蚀面;II-强烈剥蚀面上发育溶沟、溶芽和溶斗;III-石林丘陵;IV-洼地、谷地发育带;V-溶蚀平原

二、岩溶地区路基的整治措施

在岩溶地区的路桥工程一般采用堵、疏、跨、固等措施进行整治。

1. 堵塞

对一般干涸无水的地下岩溶,可用堵塞法。例如,对路基底部不太大的溶洞,用片岩填塞,洞口用浆砌块石或混凝土封闭;对挡土墙基部的空洞,用混凝土灌注;若洞内有松散充填物时,则应先清除后浇灌。

2. 疏导

对经常有水或季节性有水的岩溶空洞,一般宜疏不宜堵。路基底部若有周期性冒水的孔洞,应增设排洪槽或涵洞。

3. 跨越

路基底部遇有暗河,其顶板薄且破碎,则应炸开顶板,以桥涵跨越。

4. 清基加固

对桥涵基础下的岩溶化岩体,应将上部多溶孔、洞穴的岩体揭开,清除充填物,使桥涵直接修建在完整的基岩上;或在洞穴内填以片石,灌注混凝土,再加钢筋混凝土盖板,桥基建于盖板上;洞穴较深者可用黏土、混凝土灌浆压注;若路基基底溶洞顶板薄时,可采用爆破清除的方法处理。

5. 隧道工程中的岩溶处理

隧道工程中的岩溶处理较为复杂,隧道内常有岩溶水的活动,若水量很小,可在衬砌背后压浆以阻塞渗透;对成股水流,宜设置管道引入隧道侧沟排除;水量大时,可另开横洞(泄水洞);长隧道可利用平行导坑(在进水一侧)以截除涌水。

在建筑物使用期间,应经常观测岩溶发展的方向,以防岩溶作用继续发生。

知识检验

1. 简述崩塌的一般概念、发生的条件及防治原则。

2. 滑坡的形态包括哪些组成部分?

3. 滑坡的发生必须具备哪些条件? 其中最重要的条件是什么? 为什么?

4. 简述滑坡防治原则和整治措施。

5. 什么叫泥石流? 泥石流的形成必须具备哪些条件?

6. 通常对泥石流怎样进行分类? 各类泥石流各有什么重要特征?

7. 什么叫岩溶? 岩溶的形成必须具备哪些条件?

8. 岩溶地区有哪些地貌形态? 它们之间有什么规律性? 对公路测设有什么影响?

9. 在岩溶地区的路基中可能遇到一些什么问题? 应采取哪些相应的措施?

土的工程性质检测

情境导入

土是经过岩石风化、搬运、沉积等外力和地质作用形成的各种松散的沉积物,在工程地质学中将其地质年代划为第四纪,距今 100 多万年。土基本是分布在地表或近地表,是各类基础工程的主要工作对象。由于土的形成过程环节复杂,成土自然地理多样,造成土的类型千差万别。另外土沉积的年代越长,其上覆土层重量越大,土的密实度越高,土中化学胶结物越多,强度越大,承载力越高。所以,沉积时间不同的土差别也很大。

正确认识土的类型、测试土的各项工程性质,对于土木工程尤其是道桥工程是非常重要的。

学习目标

【知识目标】

掌握土的组成、机构与构造、土的物理指标、土的分类、土的现场鉴别等基础知识。

【能力目标】

1.具有进行土的各项物理指标的测定试验和换算能力;

2.具有进行土的击实试验、测定土的击实指标的能力;

3.具有现场鉴别土类的能力。

土的工程性质检测

土是岩石在地质作用下经风化、破碎、剥蚀、搬运、沉积等过程的产物。

一、土的三相组成

土是由固体颗粒、水和气体组成的三相分散系。土的性质取决于各相的特性及其相对应含量与相互作用。

1.土的固体颗粒

1）土颗粒大小与工程性质

土由风化的岩石碎屑、矿物颗粒及有机质组成。

粗大颗粒：是岩石经物理风化作用形成的碎屑或未产生化学变化的矿物颗粒，呈块状或粒状，黏结力小，是表面所带电荷少，搬运路径短，因此，性质简单。

细小颗粒：是化学风化作用形成的次生矿物和生成过程中混入的有机物质，呈片状，黏结力大，搬移路径长，性质复杂，具有很强的与水作用的能力。颗粒越小，表面积越大，颗粒表面所带电荷越多，则其与水作用的能力越强，因此，性质复杂。

2）颗粒级配

从另外一个角度土可以看作是由不同大小的颗粒所组成的。土的性质与颗粒的级配特征和矿物成分都有关系。

土颗粒的大小称为土的粒度，将粒度相近、性质相似的颗粒合并为组，称为粒组。公路系统土颗粒的划分方案如表5-1所示。

土粒粒组的划分　　　　　　　　　　　　　　　　　　　　　　　　　表5-1

粒径（mm）200		60	20	5	2	0.5	0.25	0.074	0.002	
巨粒组		粗粒组							细粒组	
漂石块石	卵石小块石	砾（角砾）			砂			粉粒	黏粒	
		粗	中	细	粗	中	细			

土中各粒组的百分含量称为土的粒度成分，也称为土的级配，以土中各个粒组干土的相对含量的百分比来表示。土的粒度成分通过颗粒分析的试验（筛分法和密度计法）来确定。

相关链接　《公路土工试验规程》（JTG E40—2007）规定：筛分法适用于粒径在60～0.074mm的土。粒径在20mm取2 000g土样，小于10mm取500g土样，小于2 mm取200g土样。试验时，将风干的均匀土样放入一套孔径不同的标准筛，标准筛的孔径依次为60mm、40mm、20mm、10mm、5mm、2mm、1mm、0.5mm、0.25mm、0.1mm（或0.074mm），经筛析机上下振动，将土粒分开，称出留在每个筛上的土重，即可求出留在每个筛上土重的相对含量。对于粒径小于0.074mm的土，可用密度计法，将土样研磨、浸泡和煮沸，使土粒分散，置于1 000mL

量筒的水中混合成液,使之沉降。土粒在液体中沉降速度与粒径大小有关,将密度计放入悬液中,测记 1min、2min、5min、30min、60min、240min、1 440min 的密度计读数,根据斯笃克斯定律计算土粒重量。

土的粒度成分可用三种方式表达,即列表法、级配曲线法、三角坐标法。

(1)列表法 列出表格直接表达各粒组的百分含量,如表 5-2 所示。

土 的 粒 度 成 分 表 5-2

粒 组(mm)		粒组成分(以质量百分率记,%)		
		土样 a	土样 b	土样 c
砾粒	10 ~ 5	—	25.0	—
	5 ~ 2	3.1	20.0	—
	2 ~ 1	6.0	12.3	—
砂粒	1 ~ 0.5	14.4	8.0	—
	0.5 ~ 0.25	41.5	6.2	—
	0.25 ~ 0.10	26.0	4.9	8.0
	0.10 ~ 0.05	9.0	4.6	14.4
粉粒	0.05 ~ 0.01	—	8.1	37.6
	0.01 ~ 0.005	—	4.2	11.1
黏粒	0.005 ~ 0.002	—	5.2	18.9
	<0.002	—	1.5	10.0

(2)级配曲线法 是一种比较完善的图示方法(图 5-1)。横坐标(按对数比例尺)表示粒径;纵坐标表示小于(大于)某一粒径的累计质量百分数。

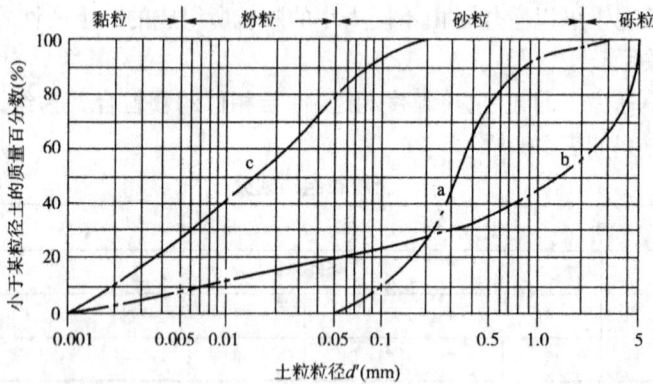

图 5-1 粒度成分累计曲线

通过级配曲线可以判断土的粒度成分的级配特征。根据图 5-1 中 a、b、c 三个土样的成分特点可以计算土样的级配指标。

不均匀系数:

$$C_u = \frac{d_{60}}{d_{10}}$$

曲率系数:

$$C_z = \frac{(d_{30})^2}{d_{10} \cdot d_{60}}$$

式中：d_{10}——有效粒径，小于某粒径的土粒质量累计百分数为 10% 时相应的粒径；

d_{60}——限定粒径，小于某粒径的土粒质量累计百分数为 60% 时相应的粒径。

C_u 值大，曲线平缓，土粒大小分布范围大；C_u 值小，曲线陡，表明土粒大小相近。当 $C_u < 5$ 时，属于均粒土，其级配不良；$C_u \geqslant 5$ 的土为不均粒的土，级配良好。单靠 C_u 值来判定土的级配是不够的，还必须分析 C_z 值。$C_z = 1 \sim 3$ 时，土的级配较好；$C_z < 1$ 或 > 3，曲线呈明显阶梯状，粒度分布不连续，缺少中间颗粒，只有同时满足 $C_u \geqslant 5$ 和 $C_z = 1 \sim 3$ 这两个条件时，视为土的级配良好；如不能同时满足，则土的级配不良。级配良好的土可以获得比较高的密度，工程性质相对良好。

（3）三角坐标法　是利用等边三角形中任意一点至三边的垂线之和恒等于三角形之高的几何原理来表示粒度成分的（图 5-2）。

如图 5-2 所示，$h_1 + h_2 + h_3 = H$。h_1、h_2、h_3 分别表示土的三个粒组（如粉粒、黏粒和砂粒）含量。其百分含量之和应为 100%（H），为三角坐标图中相应的一个点，代表了该土样的粒度成分。图中 m 点，黏粒、粉粒、砂粒的百分含量分别为 30%、23%、47%。

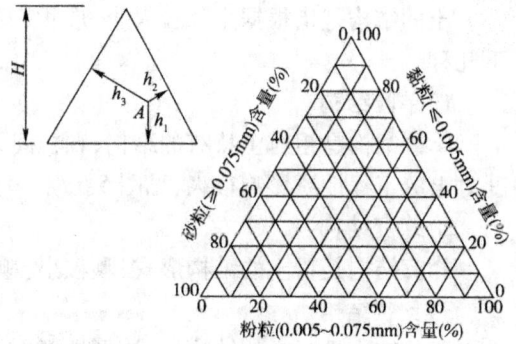

图 5-2　三角坐标表示粒度成分

2. 土中水

土中水是指在包气带中，土颗粒间空隙中存在的水（图 5-3）。其性质和数量对土的工程性质影响很大。

1）结合水

受静电吸引力吸附于土粒表面的水为结合水。结合水根据其水分子所受分子引力大小进一步分为固定层和扩散层即强结合水（吸着水）和弱结合水（薄膜水），构成土颗粒表面的结合水膜（图 5-4）。水膜的厚度对于土的工程性质影响很大。

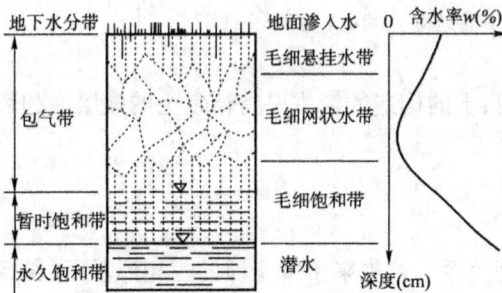

图 5-3　土中水

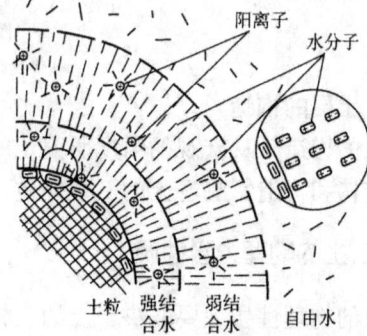

图 5-4　水膜示意图

2）自由水

自由水存在于土粒表面，是电场影响以外的水，能够传递静水压力，具有溶解力。

（1）重力水　在重力作用下运动的水。

（2）毛细水　受土颗粒表面张力（毛细引力）作用，重力水上升成为毛细水。毛细水的运动与土颗粒的大小有关，碎石土无毛细水上升的现象，砂土毛细水上升高度 < 2m，粉土和黏土 ≥ 2m。毛细水对于工程的影响主要有：引起土的可溶盐分的增高，地下工程过分潮湿，土层的冻胀。

3. 土中气体

土中气体指存在于土颗粒间空隙中的气体,占据一定的体积,而质量为零(相对小到可忽略),性质与大气相同。当不透水性土层中气体为封闭气泡时,土体表现为弹性和不透水性,在填土施工时,一般表现为"橡皮土"。因此,在黏性土作填料时,一般要掺入透水性较好的砂土。

二、土的结构与构造

1. 土的结构

土的结构是指根据土颗粒大小、形状、表面特征、相互排列和联结关系。土的结构分为以下几种。

1)单粒结构

单粒结构是粗粒土特有的结构,颗粒间无连接,以任意堆积的形式排列。其堆积的紧密程度对土的工程性质影响很大,见图5-5a)。

2)蜂窝结构

蜂窝结构是粉土的结构形式,颗粒小,颗粒间以公共水化膜的形式连接,见图5-5b)。

3)絮状结构

絮状结构是黏土的结构形式,颗粒更小,颗粒间连接更为紧密,见图5-5c)。

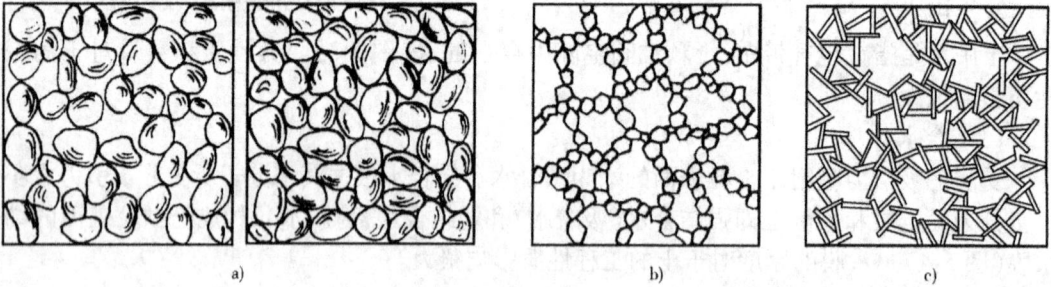

a)   b)   c)

图5-5 土的结构示意图

a)单粒结构;b)蜂窝结构;c)絮状结构

2. 土层的构造

土的构造是从宏观的角度研究土的组成,土的构造的最主要特征是土的成层性和裂隙性。土的结构和构造影响着土的工程性质。

三、土的物理力学性质

土的物理性质主要取决于土的三相比例关系。首先来了解土体的三相体系图(图5-6)。

设土体的总体积为 V;土粒的体积为 V_s;孔隙的体积为 V_n;水的体积为 V_w;空气的体积为 V_a;总质量为 m;土粒的质量为 m_s;水的质量为 m_w;空气的质量为 $V_a = 0$。根据三相体系图得到:

$$V = V_s + V_n = V_s + V_w + V_a$$

$$m = m_s + m_w$$

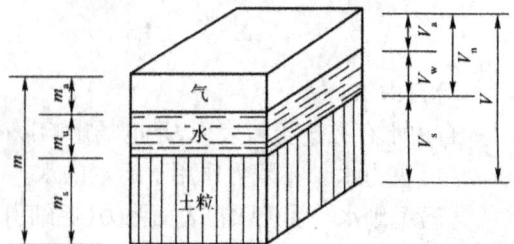

图5-6 土的三相图

1. 土的三项基本指标

1）土的密度

土的密度是指土的单位体积的质量。

$$\rho = \frac{m}{V} \quad (\text{g/cm}^3 \text{、t/m}^3)$$

土的密度值一般为 $1.6 \sim 2.2\text{g/cm}^3$。

2）土粒的密度

土粒的密度指土粒的质量与土粒的体积之比。

$$\rho_s = \frac{m_s}{V_s} \quad (\text{g/cm}^3 \text{、t/m}^3)$$

土粒的密度，数值上等于土的相对密度（G），一般为 $2.65 \sim 2.76 \text{ g/cm}^3$。

3）土的含水率

土的含水率指土中水的质量与土粒质量的比值，用百分数表示。

$$w = \frac{m_w}{m_s} \times 100\%$$

以上三项指标是通过测验测定出来的。土的密度采用"环刀法"；土粒的密度采用"比重瓶法"、"浮称法"或"虹吸筒法"。土的含水率采用"烘干法"或"烧结法"。

在土力学计算中，要用到土的重度 γ 以及土粒的重度 γ_s。

土的重度：

$$\gamma = \frac{m}{V}$$

式中：m——土粒的重力。

土粒的重度：

$$\gamma_s = \frac{m_s}{V_s}$$

式中：m_s——土粒重力。

密度与重度的换算关系是：

$$\gamma = g \cdot \rho$$

式中：g——重力加速度（9.8m/s^2）。

2. 与土密度有关的指标

1）土的干密度（ρ_d）

干密度是指干燥状态下单位体积土的质量，即土中固体颗粒的质量（m_s）与土的体积的比值：

$$\rho_d = \frac{m_s}{V} \quad (\text{g/cm}^3 \text{、t/m}^3)$$

土的干密度值一般为 $1.3 \sim 1.8\text{g/cm}^3$。

2）饱和密度（ρ_{sat}）

饱和密度是土的孔隙中被水充满的情况下，单位体积土的质量：

$$\rho_{sat} = \frac{m_s + V_n \cdot \rho_w}{V} \quad (\text{g/cm}^3 \text{、t/m}^3)$$

土的饱和密度值一般为 $1.8 \sim 2.3\text{g/cm}^3$。

3)土的浮密度(ρ')

土的浮密度也称浮浸水密度,是指土在水面以下,单位体积的质量。因土处于水面以下,孔隙全被水充满,同时又受到水的浮力作用,所以其密度可以下式表达:

$$\rho' = \frac{m_s + V_n \cdot \rho_w - V \cdot \rho_w}{V} = \rho_{sat} - \rho_w$$

3. 与土的孔隙有关的指标

1)孔隙比(e)

孔隙比是指土中孔隙的体积(V_n)与土粒的体积(V_s)之比,用小数表示。

$$e = \frac{V_n}{V_s}$$

土的孔隙比的数值一般为 0.5~1.2,$e < 0.6$ 的土为低压缩性土;若 $e > 1$,说明土中 $V_n > V_s$,则为高压缩性的土,是工程性质不良的土。

2)孔隙率(n)

孔隙率为孔隙的体积(V_n)与土的总体积(V)之比,用百分数表示。

$$n = \frac{V_n}{V} \times 100\%$$

3)饱和度(S_r)

饱和度也称饱水系数,是土中水的体积(V_w)与土中孔隙体积(V_n)之比,表示孔隙被水充满的程度,用百分数表示。

$$S_r = \frac{V_w}{V_n}$$

S_r 的数值为 0~1 。$S_r = 0$ 为干土,$0 < S_r < 0.8$ 为湿土,$1 > S_r > 0.8$ 为饱和土。

以上的指标不是通过试验测定的,而是根据三项基本指标换算出来的(表5-3)。

三相基本指标换算关系 表5-3

指标名称	表 达 式	参考数值	换 算 公 式
干密度 ρ_d(g/cm³)	$\rho_d = \frac{m_s}{V}$	1.30~2.00	$\rho_d = \frac{\rho}{1+w}$
饱和密度 ρ_{sat}(g/cm³)	$\rho_{sat} = \frac{m_s + V_n \cdot \rho_w}{V}$	1.80~2.30	$\rho_{sat} = \frac{\rho(G-1)}{G(1+w)} + 1$
水下密度 ρ'(g/cm³)	$\rho' = \frac{m_s - V_s \cdot \rho_w}{V}$	0.80~1.30	$\rho' = \frac{\rho(G-1)}{G(1+w)}$
饱和含水率 w_g	$w_g = \frac{V_n \cdot \rho_w}{m_s}$		$w_g = \frac{G(1+w) - \rho}{G \cdot \rho}$
饱和度 S_r	$S_r = \frac{V_w}{V_n}$	0~1	$S_r = \frac{G \cdot \rho \cdot w}{G(1+w) - \rho}$
天然孔隙度 n	$n = \frac{V_n}{V}$		$n = 1 - \frac{\rho}{G(1+w)}$
天然孔隙比 e	$e = \frac{V_n}{V_s}$		$e = \frac{G(1+w)}{\rho} - 1$

注:表中 G 为土的密度。

以上换算公式的推导过程如下:

已知 ρ、G、w，假设土的总体积 $V=1$，由 $\rho=\dfrac{m}{V}$，得 $m=\rho$，如图 5-7 所示。

$$w=\frac{m_{\mathrm{w}}}{m_{\mathrm{s}}}=\frac{\rho-\rho_{\mathrm{d}}}{\rho_{\mathrm{d}}}$$

由此而得:

$$m_{\mathrm{s}}=\rho_{\mathrm{d}}=\frac{\rho}{1+w}$$

$$m_{\mathrm{w}}=m_{\mathrm{s}}\cdot w=\frac{\rho\cdot w}{1+w}$$

于是

$$V_{\mathrm{s}}=\frac{\rho}{(1+w)\cdot G}$$

$$V_{\mathrm{n}}=V-V_{\mathrm{s}}=1-\frac{\rho}{(1+w)\cdot G}$$

将 V_{s}、V_{n}、m_{w}、m_{s} 代入到各项指标的表达式中即可得出换算公式。

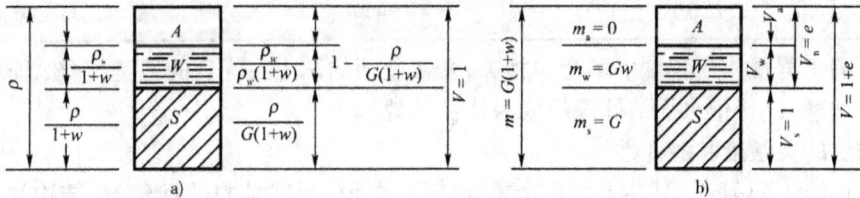

图 5-7　三相计算草图

四、黏性土的工程性质评价

1. 界限含水率

黏土的颗粒基本全部由次生的黏土矿物所组成，黏粒呈薄片状，表面有静电，亲水性强。含水率对于黏性土的工程性质影响极大，黏性土在不同的含水率下表现为不同的物理状态。由于黏土的颗粒极其细小，从颗粒特征或成分特征上评价黏土是不容易做到的，但是可以从黏土的界限含水率方面的特征来评价黏土。

黏土由一种状态转到另一种状态的分界含水率，称为界限含水率。

(1)黏土由可塑状态转变为流动状态的界限含水率称为液限(w_{L})。

(2)土由半固态转到可塑状态的界限含水率称为塑限(w_{P})。

(3)半固态水分蒸发，体积逐渐缩小，到体积不再缩小时的含水率称为缩限(w_{S})。

其实不同状态之间的过度是渐变的，界限含水率是人为制定的。界限含水率是由试验测定出来的。方法有:"黏土界限含水率联合测定"试验，或用碟式液限仪测定液限，用搓条法测定塑限。

黏性土的物理状态与含水率的关系见图 5-8。

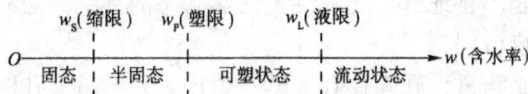

图 5-8　黏性土的物理状态与含水率的关系图

2. 塑性指数和液性指数

（1）塑性指数：

$$I_P = w_L - w_P$$

I_P 表示黏土处于可塑状态的含水率的变化范围。

细粒土的分类主要用 I_P 的大小来区分。$I_P > 10$ 称为黏性土，$10 < I_P \leqslant 17$，为粉质黏土，$3 < I_P < 10$，为粉土。

（2）液性指数：

$$I_L = \frac{w - w_P}{I_P} = \frac{w - w_P}{w_L - w_P}$$

式中：w——代表黏土的天然含水率。

I_L 表示黏土的软硬程度，主要应用于判断细粒土的天然稠度状态（表 5-4）。

液性指数（I_L）对黏性土的天然稠度状态划分表 表 5-4

液性指数值	$I_L \leqslant 0$	$0 < I_L \leqslant 0.25$	$0.25 < I_L \leqslant 0.75$	$0.75 < I_L \leqslant 1$	$I_L > 1$
稠度状态	干硬状态	硬塑状态	易塑状态	软塑状态	流动状态
	半固体状态	塑性状态			液流状态

黏土的工程性质与其含水率密切相关，密实硬塑的黏土为优良的地基；疏松流塑状态的黏土为软弱地基，进行排水固结处理后成为优良的地基。

3. 黏土的灵敏度和触变性

（1）黏土的灵敏度　黏性土的一个重要特征是具有天然结构性，当天然结构被破坏时，土粒间的胶结物质以及土粒、离子、水分子之间所组成的平衡体系遭到破坏，黏性土的强度降低，压缩性增大。具有天然结构的黏性土的强度与完全扰动后的土强度之比（含水率、重度等不变）称为黏性土的灵敏度，即 $S_t = \dfrac{原状土强度}{扰动土强度}$。根据灵敏度可将黏性土分为低灵敏度（$1 < S_t \leqslant 2$）、中灵敏度（$2 < S_t \leqslant 4$）、高灵敏度（$S_t > 4$）。土的灵敏度越高，结构性越强，扰动后土的强度降低越多。再如以 I_L 值判别黏性土的软硬程度时，没有考虑土的结构性影响，w_L、w_P 值是在完全扰动的情况下测得的，室内测得 $S_t > 1.0$ 的天然土并未真正处于流动状态。在含水率相同的情况下，原状土要比重塑土坚硬，用 I_L 判别重塑土的软硬程度是合适的，但对于原状土就差了。

（2）黏土的触变性　是指黏土的抗剪强度随时间恢复的胶体化学性质。黏性土扰动后土的结构被破坏、强度降低，但土的强度随时间会逐渐增长，这是因为土中的颗粒、离子、水分子体系随时间而逐渐趋于新的平衡状态的缘故。

五、无黏性土的工程性质评价

无黏性土为散粒结构。最能反映无黏性土工程性质的是密实度。呈密实状态时，无黏性土的结构稳定，土的抗剪强度较大，可作为良好的天然地基；呈疏松状态时，尤其是饱和粉细砂，常处于不稳定状态，是不良地基。无黏性土密实状态的判别方法有以下几种。

1. 无黏性土的密实度（D_r）

无黏性土的密实度是指最大孔隙比和天然孔隙比之差与最大孔隙比和最小孔隙比之差的比值。即

$$D_r = \frac{e_{max} - e}{e_{max} - e_{min}}$$

但由于目前对e_{max}、e_{min}的值准确测定很困难，另外，取得原状无黏性土的土样也十分困难，所以，D_r值的测定也很困难。工程上经常用现场试验的方法来估算无黏性土的密实度(D_r)。

2. 检测试验——标准贯入试验

用63.5kg的铁锤，悬高76cm自由下落，把"标准贯入器(外径50mm，内径35m，长500mm)"打入土层中15cm后开始记数，直至贯入30cm深处所需的锤击数N，对照表5-5中的分级标准来鉴定该土层的密实程度。

无黏性土分级标准 表5-5

分　　级		密实度 D_r	平均击次数 N(63.5kg)
密实		$D_r \geqslant 0.67$	30~50
中密		$0.67 > D_r > 0.33$	10~29
松散	稍松	$0.33 \geqslant D_r \geqslant 0.20$	5~9
	极松	$D_r < 0.20$	<5

也可根据天然孔隙比，估算砂土密实程度，见表5-6。

砂土密实度划分标准 表5-6

密　实　度	密　　实	中　　密	松　　散
砾砂、粗砂、中砂	$e < 0.55$	$0.55 \leqslant e \leqslant 0.65$	$e > 0.65$
细砂	$e < 0.60$	$0.60 \leqslant e \leqslant 0.70$	$e > 0.70$
粉砂	$e < 0.60$	$0.60 \leqslant e \leqslant 0.80$	$e > 0.80$

六、土的压实性

1. 土的压实性对工程的意义

在工程建设中，经常遇到填土和软弱地基，为了改善这些土的工程性质，采用压实的方法使土变得密实，是一种经济合理的土改良方法。

土的击实是指采用人工或机械对土施以夯实、振动作用，使土在短时间内压实变密，获得最佳结构，以改善和提高土的力学强度的性能。它不同于静载作用下的排水固结过程，是在不排水条件下，在短时间内得到新的结构强度，包括增强粗粒土之间的摩擦和咬合，以及增加细粒土之间的分子引力使土的性质得到改善。

大量工程实践经验表明，对过湿的黏性土进行碾压或夯实时会出现软弹现象(俗称"橡皮土")，此时很难将土体压实，对于很干的土进行碾压或夯实也难以将土充分压实，而只有在适当的含水率范围内才能将土压实。在一定压实能量下土最容易压实。

2. 击实试验与土的压实特性

1)击实试验

击实试验是研究在相同的击实功效下，如何取得最好的击实效果，确定土的击实指标的试验。击实试验的仪器是击实仪。目前我国通用的击实仪有两种，即轻型击实仪和重型击实仪，并根据击实土的最大粒径，分别采用两种不同规格的击实筒。大击实筒适用于最大粒径为38mm的土，小击实筒适用于最大粒径为25mm的土。根据现场压实机械的功效来选择轻型击实仪或重型击实仪。

击实仪由击实筒和击实锤组成,前者是用来盛装制备土样,后者对土样施以夯实功能。试验的原理是将含水率为一定值的土样分层装入击实筒内,每铺一层后都用击实锤按规定的落距锤击一定的次数;将击实筒击满后算出被击实土的湿密度,测定土样的含水率 w,计算土样的干密度 ρ_d:

$$\rho_d = \frac{\rho}{1+w}$$

对同一种土样按上述方法在不同的含水率下进行击实试验,得到几组含水率和干密度,绘制成击实曲线(图 5-9)。它表明在一定击实功效下含水率与干密度的关系。代表土的土的压实特性。

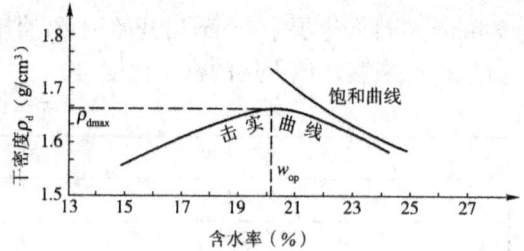
图 5-9 击实曲线

2)击实指标

击实试验所得到的击实曲线是研究土的压实特性的基本关系图。击实曲线(ρ_d-w 曲线)上有一峰值,此处的干密度为最大,称为最大干密度 ρ_{dmax}。与之对应的制备土样含水率则称为最佳含水率 w_{op},称为土样击实指标,对于路基设计和施工具有指导作用。

另外,最佳含水率与塑限 w_P 相接近。在击实试验时可取 $w_{op} = w_P$ 或 $w_{op} = w_P + 2$,也可用经验公式 $w_{op} = (0.65 \sim 0.75)w_L$ 来选择合适的制备土样含水率的范围,在缺乏试验资料时,可查表 5-7。

最佳含水率经验数值表 表 5-7

塑性指数 I_P	最大干密度 ρ_d (g/cm^3)	最佳含水率 w_{op} (%)
<10	>1.85	<13
10~14	1.75~1.85	13~15
14~17	1.0~1.75	15~17
17~20	1.65~1.70	17~19
20~22	1.60~1.65	19~21

3. 击实机理

1)含水率对于击实效果的影响

击实试验的发明人普罗特给予的解释:由于土颗粒表面水化膜的厚度对于土颗粒相对移动的影响,当土偏干时,土颗粒间的摩擦较大,土颗粒在击实功效的作用下,位移不明显,击实效果也不显著;当土偏湿时,土颗粒表面水化膜的厚度加大,位移过于明显,并且多余的自由水形成的空隙水压力也抵消一部分的击实功效,且此时土中气体基本为封闭型的,击实时,土中水和气都不易排出,土粒不易相互靠拢,故击实效果不显著。

另外,在击实曲线上,曲线左段比右段的坡度陡,这表明含水率变化对于干密度的影响在偏干时比偏湿时更为明显。

2)饱和曲线

在 ρ_d-w 曲线图中,还给出了饱和曲线,它表示当土处于饱和状态时的 ρ_d-w 关系。击实曲线在峰值以右逐渐接近于饱和曲线,并且大体上与它平等。在峰值以左,则两根曲线差别较大,而且随着含水率减小,差值迅速增加,击实土是不可能被击实到完全饱和状态。试验证明,黏性土在最佳击实情况下(即击实曲线峰点),所相应的饱和度约为80%左右。这一点可以这样来理解:当土的含水率接近和大于最佳值时,土孔隙中的气体越来越处于与大气不连通的状态,击实作用已不能将其排出体外,亦即击实土是不可能被击实到完全饱和的。因此,当干密度相同时,击实曲线上各点的含水率都小于饱和曲线上相应的含水率,也就是击实曲线必然位于饱和曲线的左下侧而不可能与饱和曲线有交点。还可注意到,这里讨论的是黏性土,黏性土的渗透性小,在击实碾压的过程中,土中水来不及渗出,压实的过程可以认为含水率保持不变。因此,对于饱和曲线来说,必然是含水率越高得到的压实干密度越小。

3)不同土类与不同击实功能对压实特性的影响

在同一击实功能条件下,土类的击实特性不同。土的压实效果还与粒径级配、土颗粒粗细和矿物成分等有关。同一类土,级配良好则易压实,级配不良则不易压实。颗粒越粗,其最大干密度大而最优含水率小。砂土的击实性能与黏性土不同,干砂在压力与振动作用下容易压实。稍湿的砂土,因毛细水表面张力作用而使砂土颗粒相互靠紧,阻止颗粒移动,击实效果反而不好。饱和砂土,毛细作用消失,压实效果良好(图 5-10)。

4)击实功的影响

同一种土,在不同的击实功能作用下得到的压实曲线如图 5-11 所示。曲线表明,随着压实功能的增大,击实曲线形态不变,但位置发生了向左上方的移动,即 ρ_{dmax} 增大了,而 w_{op} 却减小了。所以,对于同一种土,最佳含水率和最大干密度并不是恒定值,而是随着击实功能而变化。图中的曲线形态还表明,当土为偏干时,增加击实功对提高干密度的影响较大,偏湿时则收效不大,故对偏湿的土企图用增大击实功的办法提高它的密度是不经济的。

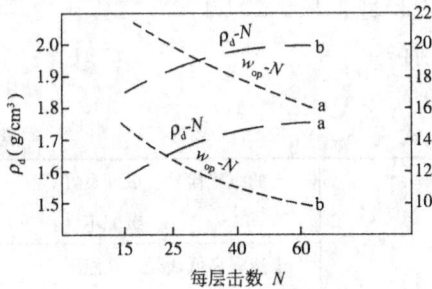

图 5-10 不同土料的压实效果   图 5-11 压实功能对压实曲线的影响

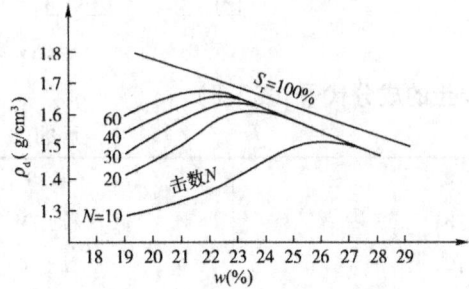

5)压实特性在现场填土中的应用

为便于工地压实质量的施工控制,可采用实数 K,它由下式表示:

$$K = \frac{\gamma_d}{\gamma'_d}$$

式中:γ_d——室内试验得到的最大干重度;

γ'_d——工地碾压时要求达到的干重度。

K 值越接近于 1,表示对压实质量的要求越高,这应用于主要受力层或者重要工程中;对于路基的下层等次要工程,K 值应取得小一些。

从工地压实和室内击实试验对比可见,击实试验既是研究土的压实特性的室内基本方法,而又对于实际填方工程提供了两方面用途:一是用来判别在某一击实功作用下土的击实性能是否良好,及土可能达到的最佳密实度范围与相应的含水率值,为填方设计(或为现场填筑试验设计)合理选用填筑土的含水率和填筑密度提供依据;另一是为制备试样以研究现场填土的力学特性时,提供合理的密度和含水率。

土的工程分类与现场勘察

一、公路系统土的工程分类

建筑工程中,土是作为地基以承受建筑物的荷载,分类着眼于土的工程性质,特别是强度及变形与地质成因的关系。《公路土工试验规程》(JTG E40—2007)将土分为巨粒土、粗粒土、细粒土和特殊土,其中,巨粒土、粗粒土按土的级配特点进一步细分,细粒土按 I_L 在塑性图上进一步细分(图5-12)。

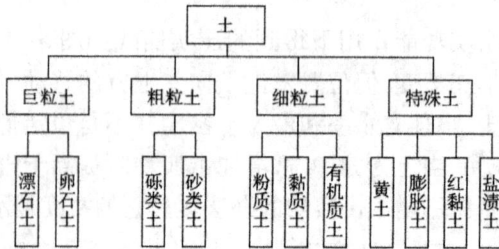

图5-12 土的分类

1. 土的成分代号(表5-8)

土 的 成 分 代 号 表5-8

漂石:B	砂:S	土的级配代号　级配良好:W;
块石:Ba	粉土:M	级配不良:P
卵石:Cb	黏土:C	土液限高低代号　高液限:H;
小块石:Cba	细粒土:(C 和 M 合称)F;	低液限:L
砾:G	(混合)土(粗、细粒土合称):SI	特殊土代号　黄土:Y;红黏土:R;
角砾:Ga	有机质:O	膨胀土:E;盐渍土:St

(1)土类名称可用一个基本代号表示。

(2)当由两个基本代号构成时,第一个代号为土的主成分,第二个代号为土的副成分级配或液限。例如:

GP	不良级配砾石
ML	低液限粉土
OH	高液限有机质土

(3)由三个基本代号构成时,第一个代号表示土的主成分,第二个代号表示液限的高低(或级配的好坏),第三个代号表示土中所含次要成分。例如:

GHC	高液限含黏土砾
CLM	粉质低液限黏土

2. 巨粒土的分类

试样中巨粒组质量多于总质量50%。具体的分类见图5-13。

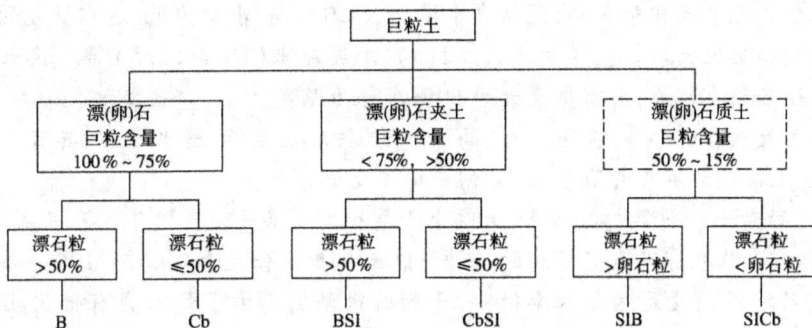

图 5-13 巨粒土的分类

3. 粗粒土的分类

试样中粗粒组质量多于总质量 50%。具体的分类见图 5-14。

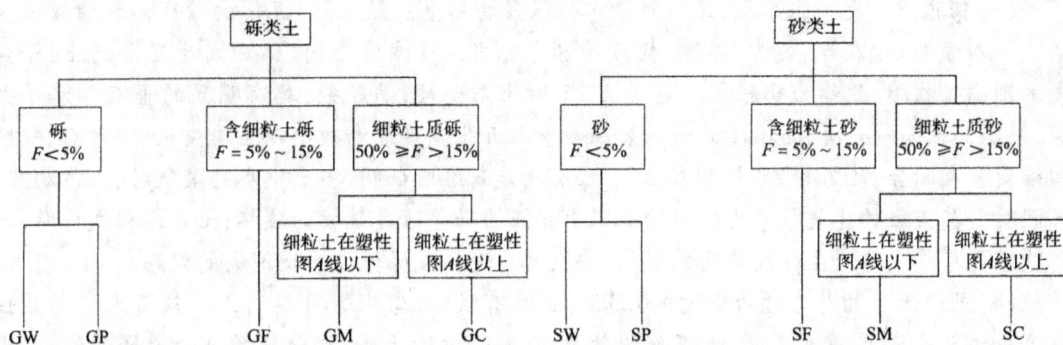

图 5-14 粗粒土的分类

4. 细粒土的分类

在塑性图上分类。测定土的液限和塑限,根据土的 I_P,然后在图上根据相应位置来确定土类的名称。塑性图见图 5-15。

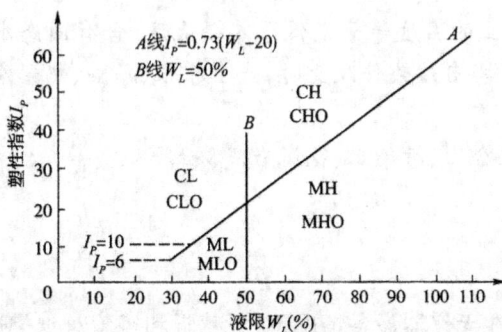

图 5-15 塑性图

相关链接 特殊土简介

特殊土是指特定的地理环境或人为条件下形成的特殊性质的土。其特点是具有一定的分布区域或在工程上具有特殊的状态、结构、成分特征。

(1)软土 是指滨海相、三角洲相、溺谷相、内陆平原或山区的河流相、湖泊相、沼泽相静水或缓慢流水环境中沉积而成的,天然含水率大、压缩性高、承载力低、透水性差的一种软塑到流塑状态的饱和黏性土层。包括淤泥($e > 1.5$)、淤泥质土($1 < e < 1.5$)等。软土常因生物化学作用含有较多的有机质,当有机质大于60%后称为泥炭。

软土由于天然含水率高、孔隙比大、高压缩性、抗剪强度低、透水性差、具有流变性和触变性,所以工程上被视为不良的地基土,常需要特殊处理。

(2)湿陷性黄土 自第四纪以来,大陆上干旱和半干旱气候条件下沉积而成的,呈褐黄色或灰黄色,具有针状孔隙及垂直节理的一种特殊土。黄土含大量碳酸钙(10%~30%)或钙质结核(俗称"砂姜石"),天然含水率很小,干燥时很坚固。由于黄土具有针状孔隙及垂直节理,而具直立性构造,所以在天然情况下能保持垂直边坡。最显著的特征是具有湿陷性。通常分为两类:一是浸水后在自重压力下发生湿陷的,称为自重湿陷性黄土;二是浸水后只在自重压力下不发生湿陷,在附加压力作用下才能产生湿陷的,称为非自重湿陷性黄土。在公路工程中,对自重湿陷性黄土尤应加以注意。

(3)膨胀土 也叫胀缩土,是一种亲水性很强的高塑性黏土(以风化的蒙脱石和伊里石为主),一般呈灰白、灰绿、灰黄、棕红、褐黄等颜色。当土受水浸湿时,体积发生显著膨胀,干燥失水则明显收缩,故称为膨胀土。这类土,干时土质坚硬,易脆裂,具有明显的垂直和水平裂隙,裂隙开张面较光滑,随深度的增加裂隙数量和开张宽度逐渐减小以至消失;土浸湿后,裂隙回缩变窄或闭合,故又称为"裂隙黏土"。已有的建筑经验证明,当土中水分聚集时,土体膨胀,可能对与其接触的建筑物产生强烈的膨胀上抬压力而导致建筑物的破坏;土中水分减少时,土体收缩并可使土体产生程度不同的裂隙,导致其自身强度降低或出现消失的变形。

(4)盐渍土 指易溶盐的含量 >0.3%,且具有吸湿、膨胀等特性的土。盐渍土按含盐性质可分为氯盐渍土、硫酸盐渍土、亚硫酸盐渍土、碱性盐渍土等;按含盐量可分为弱盐渍土、中盐渍土、强盐渍土和超盐渍土

(5)红黏土 指碳酸盐岩系出露的岩石,经红土化作用形成并覆盖于基岩上的棕红、褐黄等色的高塑性黏土。其液限一般大于50%,上硬下软,具明显的收缩性,裂隙发育,经坡、洪积再搬运后仍保留黏土基本特征。液限大于45%且小于50%的土称为次生红黏土。

(6)多年冻土 是指土的温度等于或低于零摄氏度,含有固态水且这种状态在自然界连续保持3年或以上的土。当自然条件改变时,产生冻胀、融陷、热融滑塌等特殊不良地质现象及发生物理力学性质的改变。

特殊土的种类还有混合土、污染土、花岗岩残积土等。

二、土的现场鉴别

1.鉴别方法
野外鉴别土类,要求在无仪器设备情况下,凭感觉和经验对土类进行现场勘察。

(1)对碎石和砂土的鉴别方法,见表5-9。

碎石土与砂土的野外鉴别

表5-9

土　　类	观察颗粒粗细	干土状态	湿土状态	湿润时用手拍击
卵石(碎石)	一半以上接近20mm(干枣大小)	完全分散	无黏着感	表面无变化
圆砾(角砾)	一半以上接近2mm(绿豆大小)	完全分散	无黏着感	表面无变化

土 类	观察颗粒粗细	干土状态	湿土状态	湿润时用手拍击
砾砂	1/4以上颗粒超过绿豆大小	完全分散	无黏着感	表面无变化
粗砂	一半以上接近小米粒大小	完全分散	无黏着感	表面无变化
中砂	一半以上接近或超过砂糖	基本分散	无黏着感	表面偶有水印
细砂	颗粒粗细类似粗玉米面	基本分散	有微黏着感	饱和时有水印
粉砂	颗粒粗细类似细白糖	部分分散	有黏着感	饱和时表面翻浆

（2）对黏性土与粉土的鉴别方法，根据手搓滑腻感或砂粒感等感觉加以区分和鉴别，详见表5-10。新近沉积黏性土的野外鉴别方法见表5-11。

黏性土与粉土的野外鉴别　　　　　　　　　表5-10

土 类	干土状况	手搓时感觉	湿土状态	湿土手搓情况	小刀切削湿土
黏土	坚硬，用锤才能打碎	极细的均质土块	可塑、滑腻，黏着性大	易搓成直径<0.5mm长条，易滚成小土球	切面光滑不见砂粒
粉质黏土	手压土块可碎散	无均质感，有砂粒感	可塑，略滑腻，有黏性	能搓成直径1mm土条，能滚成小土球	切面平整感有砂粒
粉土	手压土块，散成粉末	土质不均，可见砂粒	稍可塑，不滑腻，黏性弱	难搓成直径<2mm土条，滚成土球易裂	切面粗糙

新近沉积黏性土的野外鉴别　　　　　　　表5-11

沉积环境	颜色	结构性	含有物
河滩及部分山前洪冲积扇的表层，古河道、填塞的湖塘沟谷及河道泛滥区	深而暗，呈褐栗、暗黄或灰色，含有机质较多时呈黑色	结构性差，受扰动后原状土样显著变软，粉性土有振动液化现象	无自身形成的粒状结合体，但可含有一定磨圆度的外来钙质结合体（如姜结石）及贝壳等。在城镇附近可能含有少量碎砖、瓦片、陶瓷及钱币、朽木等人类活动的遗迹

2. 土的野外描述

作为评价各土层工程性质好坏的重要依据，描述的内容如下。

1）颜色

土的颜色取决于组成该土的矿物成分和含有的其他成分，描述时从色在前，主色在后。例如，黄褐色，以褐色为主色，带黄色；若土中含氧化铁，则土呈红色或棕色；土中含大量有机质，则土呈黑色，表明此土层不良；土中含较多的碳酸钙、高岭土，则土呈白色。

2）密度

土层的松密是鉴定土质优劣的重要方面。在野外描述时可根据钻进的速度和难易来判别土的密实程度。同时可在钻头提起后，用手指加压的感觉来判定松密，分为密实、中密和稍密三种状态，见表5-12。

碎石土密实度野外鉴别方法　　　　　　　表5-12

密实度	骨架颗粒含量和排列	可挖性	可钻性
密实	骨架颗粒含量大于总质量的70%，呈交错排列，连续接触	锹镐挖掘困难，用撬棍方能松动，井壁一般较稳定	钻进极困难，冲击钻探时，钻杆、吊锤跳动剧烈，孔壁较稳定

密实度	骨架颗粒含量和排列	可挖性	可钻性
中密	骨架颗粒含量等于总质量的60%～70%,呈交错排列,大部分接触	锹镐可挖掘,井壁有掉块现象,从井壁取出大颗粒处,保持凹面形状	钻进较困难,冲击钻探时,钻杆、吊锤跳动不剧烈,孔壁有坍塌现象
稍密	骨架颗粒含量小于总质量的60%,排列混乱,大部分不接触	锹可挖掘,井壁易坍塌,从井壁取出大颗粒后,砂土立即坍落	钻进较容易,冲击钻探时,钻杆稍有跳动,孔壁易坍塌

3）湿度

土的湿度分为干的、稍湿的、湿的与饱和的四种。

通常如地下水位埋藏深,在旱季地表土层往往是干的;接近地下水位的黏性土或粉土因毛细水上升,往往是湿的;在地下水位以下,一般是饱和的,鉴别方法如表 5-13 所示。

土的湿度的野外鉴别　　　　　　　　　　表 5-13

土的湿度	鉴别方法
稍湿的	经过扰动的土,不易捏成团,易碎成粉末。放在手中不湿手,但感觉冷而且觉得是湿土
湿的	经过扰动的土,能捏成各种形状。放在手中会湿手,在土面上滴水能慢慢渗入土中
饱和的	滴水不能渗入土中,可看到孔隙中的水发亮

4）黏性土的稠度状态

黏性土的稠度分为坚硬、硬塑、可塑、软塑、流塑五种,是决定该土工程性质好坏的一个重要指标,参见表 5-14。如有轻型圆锥动力触探资料,可参用图 5-16 来鉴定。

黏性土稠度的野外鉴别　　　　　　　　　　表 5-14

稠度	鉴别特征
坚硬	手钻很费力,难以钻进,钻头取出土样用手捏不动,加力土不变形,只能碎裂
硬塑	手钻较费力,钻头取出土样用手捏时,要用较大的力才变形,并即碎裂
可塑	钻头取出的土样,手指用力不大就能按入土中。土可捏成各种形状
软塑	钻头取出的土样还能成型,手指按入土中毫不费力。可把土捏成各种形状
流塑	钻进很容易,钻头不易取出土样,取出的土已不能成型,放在手中不易成块

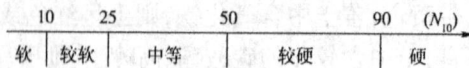

图 5-16　轻型动力触探与稠度关系

5）含有物

土中含有非本层土成分的其他物质,例如碎砖、炉渣、石灰渣、植物根、有机质、贝壳、氧化铁等,称为含有物。有些地区在粉质黏土或粉土中含坚硬的姜石,海滨或古池塘往往含有贝壳。

6）其他

碎石土与砂土应描述级配、砾石含量、最大粒径、主要矿物成分;黏性土应描述断面形态、孔隙大小、粗糙程度、是否有层理等;土中若有特殊气味,亦应加以注明;如管道漏水使局部土质变软、变湿等邻近设施对土质的影响。

知识检验

1. 什么叫粒度成分和粒度分析？简述筛分法和沉降分析法的基本原理。

2. 累积曲线法在工程上有何用途？

3. 粗粒土和细粒土的结构各分为哪些类型？

4. 表征砂土的天然结构状态的指标是什么？

5. 简述土层中毛细水带的分布特征。

6. 什么是界限含水率、黏性土的稠度、稠度状态？有何具体的应用？

7. 说出下列土类符号的具体名称:GW 、ML、SM 、CP、MY、CLS-B。

实战演练

1. 取某住宅地基土原状土样做试验,天平称 $50cm^3$ 湿土质量为 $95.15g$,烘干后质量为 $75.05g$,土粒的密度为 $2.67g/cm^3$。计算土样的密度、含水率、干密度、饱和密度、孔隙比、孔隙率、饱和度。$(1.9、26.8\%、1.5、1.94、0.94、0.78、43.8\%、0.918)$

2. 一车间地基表层为杂填土,厚 $1.2m$,第二层为黏土,厚 $5m$,地下水位深 $1.8m$。在黏土中部取样做试验,测得天然密度 $\rho = 1.84g/cm^3$,土的密度 $G = 2.75g/cm^3$,计算土的含水率、浮密度、干密度、孔隙比、孔隙率。$(39.4\%、0.84\ g/cm^3、1.32\ g/cm^3、1.08、52\%)$

3. 某宾馆地基土试验中,测得土样的干密度为 $1.54\ g/cm^3$,含水率为 19.3%,土粒的密度为 $2.71\ g/cm^3$,计算土的 $e、n、S_r$。此土样的 $w_L = 28.3\%$,$w_P = 16.7\%$,计算 I_P 和 I_L,并描述该黏土的物理状态,定出土的名称。$(0.76、43.2\%、0.69、11.6、0.224、硬塑状态、粉质黏土)$

4. 一办公楼地基土样,用体积为 $100cm^3$ 的环刀取样进行试验,环刀加湿土的质量为 $241.00g$,环刀质量为 $55.00\ g$,烘干后土质量为 $162.00\ g$,土粒的密度是 $2.70g/cm^3$,计算土样的 $w、S_r、e、n、\rho、\rho'、\rho_{sat}、\rho_d$。$(14.8\%、0.60、0.67、40.0\%、1.86、2.02、1.02、1.62)$

5. 砂土经筛析得出粒组含量如下,确定土的名称(细砂)。

粒组(mm):	<0.075	0.075~0.1	0.1~0.25	0.25~0.5	0.5~1.0	>1.0
含量(%):	8.0	15.0	42.0	24.0	9.0	2.0

6. 一湿土样质量 $200\ g$,含水率 15.0%。如果要制备成含水率 20.0% 的试样,需加多少水? $(8.7\ g)$

土中应力分析

情境导入

在地基土上建造建筑物后,使地基土中的应力状态发生了变化,从而引起地基的变形,产生基础的沉降。当建筑物的荷载过大时,则产生不容许的过大沉降,或不均匀沉降,甚至可能使地基发生剪切破坏而失去整体的稳定。研究建筑物地基的变形与稳定过程中,计算地基土中的应力和分布规律是十分必要的。

学习目标

【知识目标】

自重应力的计算方法、附加应力的计算方法。

【能力目标】

学生具有计算各种不同条件下的土中应力的能力。

土自重应力的计算

一、土中应力的概况

1. 土中应力的构成

土中应力是由自重应力和附加应力所构成的。

2. 应力的分布状态

土中应力计算时,一般都将地基土当作半无限空间弹性体来考虑,即把地基土层看作是一个具有水平界面、深度和广度都无限大的空间弹性体(图6-1)。

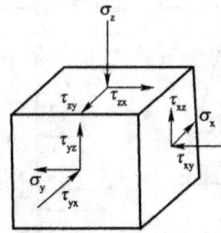

土层中任意一点的应力分布如图6-2所示。

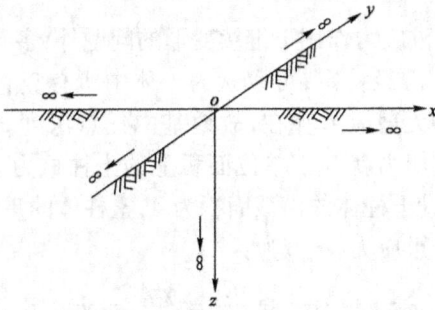

图6-1　无限空间弹性体　　　　　图6-2　土层中任意一点的应力分布图

在土中任意一点上有:垂直应力 σ_{cz} 和水平应力 $\sigma_{cx} = \sigma_{cy}$,三个正应力(法向应力),并且在正应力方向上都可以形成位移。每一个正应力在其作用的水平面上可以产生两个剪切应力。

大多数地基土中应力是属于三维状态。由于地基土层在水平方向是一一对应的,这时沿着长度方向切出的任一 xoz 截面都可以认为是对称面,应力分量只是 x、y 两个坐标的函数,并且沿 y 方向无应变。由于土层的对称性,$\tau_{xy} = \tau_{yz} = 0$,所以,在地基中引起的应力状态,可简化为二维状态。

只有在自重应力作用下或无限均布荷载作用下,土中同一深度 z 处的土单元受力条件均相同,土体不可能发生侧向变形,而只能发生竖向的变形。在任何竖直面和水平面上都不会有剪应力存在,即 $\tau_{xy} = \tau_{yz} = \tau_{zx} = 0$,此时土中的应力状态是属于一维状态。

3. 土中的应力与应变的关系

在土力学计算时假定土层为半无限的、理想的弹性体。

土体是自然历史的产物,具有碎散性、三相性和时空变异性,加之土体所处环境的复杂性与可变性,实际上土是分散的、有限的,介于弹性体和塑性体之间。

理论计算和工程实践都可以证明,当土中的应力不大,距离土的破坏强度尚远的时候,土层中应力与应变呈线性关系,属于弹性体,服从广义虎克定律,可直接应用弹性理论得出应力的解析解。实践证明,尽管这一假定是对真实土体性质的高度简化,用弹性理论得到的土中应力解答会有误差,但在一定条件下,再配以合理的判断和处理,引用古典弹性理论计算土中应力尚能满足工程需要。

在应力增大到一定的程度,土层中会产生塑性区,随着应力的增大,塑性区也不断扩大。当荷载产生的剪切力达到一定程度,土体会发生剪切破坏。

现场荷载试验的曲线很好地说明了土的应力与应变的关系(图6-3)。

在试验加载初期,应力与应变呈线性关系,说明土体在这个阶段表现为弹性体。

在应力增大时,土中产生塑性区,应力与应变呈曲线关系。最后土体产生破坏。

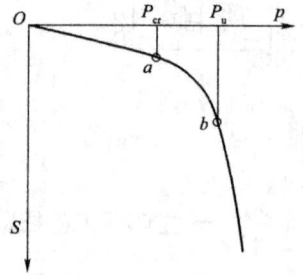

图6-3 荷载试验曲线

二、土自重应力的计算

1. 竖向自重应力

1)基本公式

除对于新近沉积或新填土层,考虑其在自重应力作用下继续变形的问题外,多年的沉积土层变形已经稳定,可以认为土体中所有竖直面和水平面上均无剪应力存在,故地基中任意深度 z 处的竖直向自重应力就等于单位面积上的土柱重力。如图6-4所示,设土柱体的横截面积为 A,土柱体的重力为 G,则土层自重应力(σ_{cz})为:

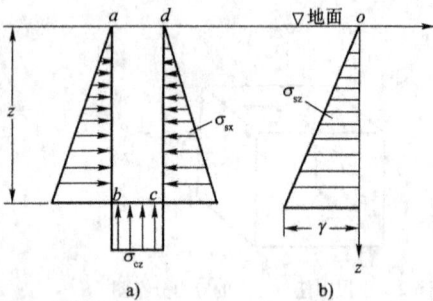

$$\sigma_{cz} = \frac{G}{A} = \frac{\gamma z A}{A} = \gamma z \qquad (6-1)$$

土的自重应力随深度 z 呈直角三角形分布。

图6-4 地基中土的自重应力分布

2)成层土体的自重力

当地基土是由不同重度的土层构成时,需要分层来计算。计算每一土层上下边界处的自重应力,然后叠加,即:

$$\sigma_{cz} = \gamma_1 z_1 + \gamma_2 z_2 + \cdots \gamma_n z_n = \sum_{i=1}^{n} \gamma_i z_i \qquad (6-2)$$

式中:γ_i——第 i 层土的重度;

z_i——第 i 层土的厚度。

3)水下土体的自重力

若计算应力点在地下水位以下,土层透水,可以传递静水压力,土体受到地下水的浮力作用,在计算土体的竖向与水平应力时应按土的浮重度计算。

若土层不透水时,土层中不存在自由水体的浮力,自重应力应按上覆土层的实际天然重度计算,下面的土层受到其上固液两相总重力的压力。

水下土体的自重应力分布见图6-5。

由于土的自重应力取决于土的有效重力,所以地下水位的升降变化会引起土体自重应力的变化,如果因大量抽取地下水,导致地下水位长期大幅度下降,使地基中原有水位以下的有效自重应力增加,会造成地表下沉的后果。

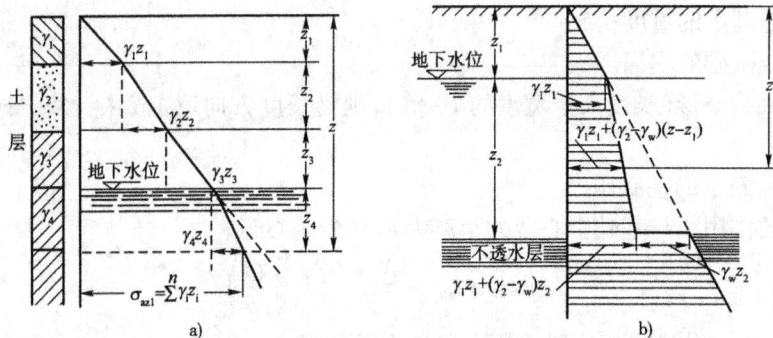

图 6-5 水下土体的自重应力分布

2. 水平自重应力

地基土在自重应力作用下,地基土近似弹性体,且认为没有侧向变形,即处于侧限状态,即有 $\sigma_{cx} = \sigma_{cy}$,故根据广义虎克定律有:

$$\sigma_{cx} = \sigma_{cy} = k_0 \sigma_{cz} = k_0 \gamma z \qquad (6-3)$$

式中:σ_{cx}、σ_{cy}——分别沿 x 轴和 y 轴方向的水平自重应力;

k_0——侧压力系数,$k_0 = \dfrac{\mu}{1-\mu}$,μ 为土的泊松比,见表 6-1。

土的泊松比参考值   表 6-1

土的种类与状态		泊松比 μ
碎石土		0.15 ~ 0.20
砂土		0.20 ~ 0.25
粉土		0.25
粉质黏土	坚硬状态	0.25
	可塑状态	0.30
	软塑及流塑状态	0.35
黏土	坚硬状态	0.25
	可塑状态	0.35
	软塑及流塑状态	0.42

3. 基底压力的简化计算

建筑物通过基础将上部荷载传到地基中。基础底面传递给地基表面的压力为基底压力。而地基支承基础的反力称为基底反力。基底反力是与基底压力大小相等、方向相反的作用力和反作用力。

要精确地确定基底压力的数值与分布形式是一个很复杂的问题,如建筑物和基础的刚度,土层的压缩性等,影响因素很多。但是基底压力分布形式和数值只是在一定的深度内是不同的,超出一定的深度,分布是均匀的,所以可以简化计算。

1)中心荷载下的基底压力

$$p = \frac{N+G}{F} - \sigma_{cz} = \frac{N+G}{F} - \gamma D \qquad (6-4)$$

式中:p——基础底面的平均压力(kPa);

N——上部结构传至基础顶面的荷载(kN);

G——基础自重和基础上回填土总重力(kN);

F——基础底面面积(m^2);

γ——地基土的重度；

D——浅基础的埋深。

如果基础为条形（长度大于宽度的10倍），则沿长度方向取1m来计算，即计算单位长度的基底压力。

2）偏心荷载下的基底压力

设荷载的作用线与基础中心线的距离为e，称为偏心距。

$$p_{max}、p_{min} = \frac{N+G}{F}\left(1 \pm \frac{6e}{b}\right) \qquad (6-5)$$

式中：$p_{max}、p_{min}$——分别是基底最大压力和最小压力值。

当$e > \frac{b}{6}$时，基底压力分布图为梯形［图6-6a)］；当$e = \frac{b}{6}$时，基底压力分布图为三角形［图6-6b)］；当$e > \frac{b}{6}$时，$p_{min} < 0$，表示基底一侧出现拉应力［图6-6c)］，此时基底压力将重分布。一般情况下，工程上不允许基底出现拉应力。因此，在设计基础尺寸时，应满足$e \leqslant \frac{b}{6}$的条件，以保证安全。

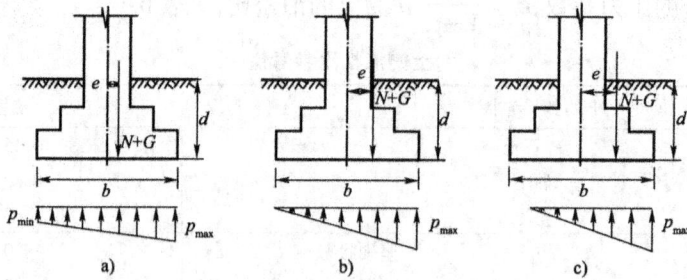

图6-6　基底压力分布图

项目二

土中附加应力计算

相关链接　对一般天然土层来说，自重应力引起的压缩变形在地质历史上早已完成，不会再引起地基的沉降。附加应力则是由于修建建筑物在地基内新增加的应力，因此，它是使地基发生变形，引起建筑物沉降的主要原因。附加应力也是引起土发生剪切破坏的主要原因，故计算土中的附加应力尤为重要。

一、计算理论

1885年法国数学家布西奈斯克（J. Boussinesq）用弹性理论推出了在半无限空间弹性体表面上作用有竖直集中力P时，在弹性体内任意点M所引起的应力和位移的解析解（图6-7）。

其应力为$\sigma_x、\sigma_y、\sigma_z、\tau_{xy}、\tau_{yz}、\tau_{zx}$；位移为$U_x、U_y、U_z$。

以竖向的正应力与位移来看：

$$\sigma_z = \frac{3Qz^3}{2\pi R^5} = \frac{3Q}{2\pi z^2} \frac{1}{[1 + (r/z)^2]^{5/2}} \qquad (6-6)$$

$$U_z = \frac{Q(1 - \mu^2)}{\pi E_r}$$

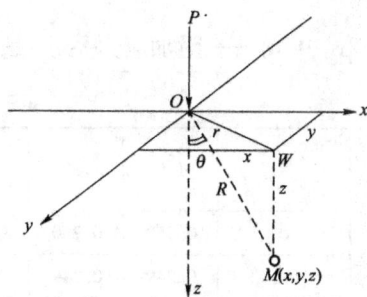

图6-7　布西奈斯克课题

式中：Q——作用在坐标原点 O 的竖向集中荷载(kN)；

$\quad z$——M 点的深度(m)；

$\quad r$——M 点与集中荷载作用线之间的水平距离；

$$r = \sqrt{x^2 + y^2};$$

$\quad R$——M 点与坐标原点的距离，

$$R = \sqrt{x^2 + y^2 + z^2};$$

$\quad \mu$——土的泊松比；

$\quad E$——土的变形模量(MPa)。

从上面公式中可以看出，应力与位移只是 M 点的位置(r/z)的函数，当 $z = 0$ 时，$\sigma = \infty$；当 $z = \infty$ 时，$\sigma = 0$。附加应力在基础底面处最大，随深度减小。

在实际中集中应力作用的情况是没有的，任何建筑物都要通过一定尺寸的基础把荷载传给地基。基础的形状和基础底面上的压力分布各不相同，但都可以利用前述集中荷载引起的应力计算方法和弹性体中的应力叠加原理，计算作用在不同分布面积上的荷载在地基内任意点的附加应力和位移。

不同面积上不同分布荷载在地基中引起的附加应力与位移只是分布面积和 M 点位置的函数。

二、矩形面积上均布荷载作用下角点下的附加应力

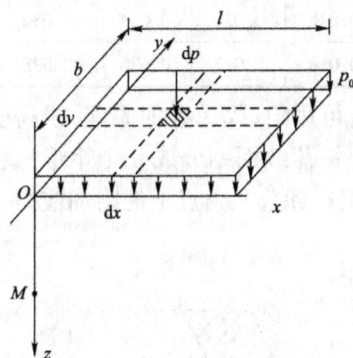

图6-8　M 点处竖向应力计算

某一基础形状为 $b \times l$，基底附加应力为均布荷载 p_0，求矩形任意角点下 z 深度 M 点处的竖向应力(图6-8)。

计算过程为：在基础面积内，任取一微面积 $dxdy$，在此微面积上作用的力为 dp，可视为集中力，$dp = p_0 \cdot dxdy$，根据式(6-6)，dp 在 M 点引起的应力，经简化可得：

$$d\sigma_z = \frac{3p_0 \cdot dxdy \cdot z^3}{2\pi(x^2 + y^2 + z^2)^{5/2}}$$

全部基础范围内的均布荷载 p_0，在地基中 M 点所引起的附加应力 σ_z，可通过积分求得：

$$\sigma_z = \frac{3p_0 z^3}{2\pi} \int_0^l \int_0^b \frac{dxdy}{(x^2 + y^2 + z^2)^{5/2}}$$

$$\alpha_0 = \frac{1}{2\pi} \left[\arctan \frac{m}{n\sqrt{1 + m^2 + n^2}} + \frac{mn}{\sqrt{1 + m^2 + n^2}} \times \left(\frac{1}{m^2 + n^2} + \frac{1}{1 + n^2} \right) \right]$$

则 $\qquad\qquad\qquad\qquad\qquad\qquad \sigma_z = \alpha_0 p_0$

式中：α_0——附加应力系数，是 $m = \dfrac{1}{b}$，$n = \dfrac{z}{b}$ 的函数，可由函数表6-2查得。

矩形面积均布荷载，角点下附加应力系数 α_0 值 表6-2

z/b \ l/b	1.0	1.2	1.4	1.6	1.8	2.0	3.0	4.0	5.0	10
0	0.250	0.250	0.250	0.250	0.250	0.250	0.250	0.250	0.250	0.250
0.2	0.249	0.249	0.249	0.249	0.249	0.249	0.249	0.249	0.249	0.249
0.4	0.240	0.242	0.243	0.243	0.244	0.244	0.244	0.244	0.244	0.244
0.6	0.223	0.228	0.230	0.232	0.232	0.233	0.234	0.234	0.234	0.234
0.8	0.200	0.208	0.212	0.215	0.217	0.218	0.220	0.220	0.220	0.220
1.0	0.175	0.185	0.191	0.196	0.198	0.200	0.203	0.204	0.204	0.205
1.2	0.152	0.163	0.171	0.176	0.179	0.182	0.187	0.188	0.189	0.189
1.4	0.131	0.142	0.151	0.157	0.161	0.164	0.171	0.173	0.174	0.174
1.6	0.112	0.124	0.133	0.140	0.145	0.148	0.157	0.159	0.160	0.160
1.8	0.097	0.108	0.117	0.24	0.129	0.133	0.143	0.146	0.147	0.148
2.0	0.084	0.095	0.103	0.110	0.116	0.120	0.131	0.135	0.136	0.137
2.5	0.060	0.069	0.077	0.083	0.089	0.093	0.106	0.111	0.114	0.115
3.0	0.045	0.052	0.058	0.064	0.069	0.073	0.087	0.093	0.096	0.099
4.0	0.027	0.032	0.036	0.040	0.044	0.048	0.060	0.067	0.071	0.076
5.0	0.018	0.021	0.024	0.027	0.030	0.033	0.044	0.050	0.055	0.061
7.0	0.010	0.011	0.013	0.015	0.016	0.018	0.025	0.031	0.035	0.043
8.0	0.007	0.009	0.010	0.011	0.013	0.014	0.020	0.025	0.028	0.037
9.0	0.006	0.007	0.008	0.009	0.010	0.011	0.016	0.020	0.024	0.032
10.0	0.005	0.006	0.007	0.007	0.008	0.009	0.013	0.017	0.020	0.028

对于非角点(荷载作用面内、外任意一点)下地基中的应力，可用角点法(叠加原理)求得。具体做法是：先通过计算点作平行于矩形面各边的辅助线，从而将荷载面划分成几个矩形，这样计算点便成了几个矩形的公共角点，然后分别求得各矩形荷载在此公共角点下的附加应力，叠加后便得到整个荷载作用下的附加应力 σ_z(图6-9)。

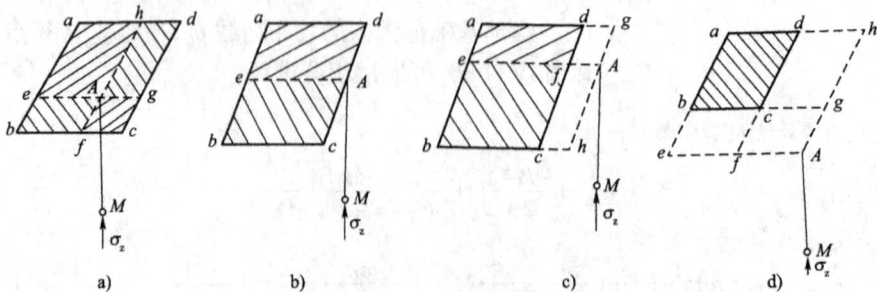

图6-9 非角点下地基中的应力计算(角点法)

在划分新矩形时，计算点必须是各矩形的公共角点。各新矩形的长边永远为 l、短边永远为 b。

[例题 6-1] 一矩形面积地基,长度 2.0m,宽度 1.0m,其上作用有均布荷载 $p = 100$kPa,如图 6-10,计算此矩形面积的角点 A、边点 E、中点 O,以及矩形面积外 F 点和 G 点下,深度为 $z = 1.0$m处的附加应力。

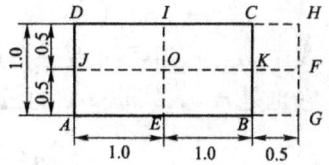

图 6-10　角点法计算简图

解:此时 $p_0 = p$。

(1)计算 A 点下的附加应力 $\sigma_{z,A}$。

由 $l/b = 2.0/1.0 = 2.0$,$z/b = 1.0/1.0 = 1.0$,查表 6-2,可知附加应力系数为 0.2,所求的应力为:

$$\sigma_{z,A} = \alpha_0 p = 0.2 \times 100 = 20 (\text{kPa})$$

(2)计算 E 点下的附加应力 $\sigma_{z,E}$。

矩形 $ABCD$ = 矩形 $EIDA$ + 矩形 $EBCI$,在矩形 $EIDA$ 中,由 $l/b = 1.0$,$z/b = 1.0$,查表 6-2,系数为 0.175,所求的应力为:

$$\sigma_{z,E} = \alpha_0 p = 2 \times 0.175 \times 100 = 35 (\text{kPa})$$

(3)计算 O 点下的附加应力 $\sigma_{z,O}$。

在小矩形 $OEAJ$ 中:$l/b = 1.0/0.5 = 2.0$,$z/b = 1.0/0.5 = 2.0$,查表 6-2,系数为 0.120,所求的应力为:

$$\sigma_{z,O} = \alpha_0 p = 4 \times 0.120 \times 100 = 48 (\text{kPa})$$

(4)计算 F 点下的附加应力 $\sigma_{z,F}$。

在长矩形 $FGAJ$ 中,$l/b = 2.5/0.5 = 5.0$,$z/b = 1.0/0.5 = 2.0$,查表 6-2,系数为 0.136。

又在小矩形 $FGBK$ 中,$l/b = 0.5/0.5 = 1.0$,$z/b = 1.0/0.5 = 2.0$,查表 6-2,系数为 0.084。则所求的应力为:

$$\sigma_{z,F} = 2 \times 0.136 \times 100 - 2 \times 0.084 \times 100 = 10.4 (\text{kPa})$$

(5)计算 G 点下的附加应力 $\sigma_{z,G}$。

在矩形 $GADH$ 中,$l/b = 2.5/1.0 = 2.5$,$z/b = 1.0/1.0 = 1.0$,查表 6-2,系数为 0.2015。

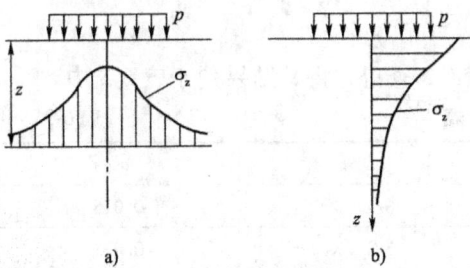

a)　　　　　b)

图 6-11　附加应力分布图

又在小矩形 $GBCH$ 中,$l/b = 1.0/0.5 = 2.0$,$z/b = 1.0/0.5 = 2.0$,查表 6-2,系数为 0.120。则所求的应力为:

$$\sigma_{z,G} = 0.2015 \times 100 - 0.120 \times 100 = 8.15 (\text{kPa})$$

根据计算结果分析,按一定比例绘制附加应力变化图,可见土中附加应力扩散的特点是:不仅在受荷面积内产生附加应力,在一定范围以外也将产生附加应力;在地基的同一深度处,附加应力从中点向周围减小。随深度的增加,附加应力减小,如图 6-11 所示。

三、矩形面积上三角分布荷载角点下的附加应力

当基础受偏心荷载时,基础底面接触压力呈梯形或三角形分布,基础底面为矩形,长边 l,短边 b,其上作用三角形分布荷载,如图 6-12 所示。若计算荷载为零的角点下深度 z 处 M 点的竖向应力 σ_z 时,将坐标原点取在荷载为零的角点上,z 轴通过 M 点。取一微小面积 $dxdy$,将作用于此微小面积上的荷载视为集中力 dp,则又可利用布西奈斯克求解的地表受竖向集中应力作用的公式来计算集中力 dp 对角点下 M 点引起的附加应力。由积分得:

$$\sigma_z = \alpha_t p_t$$

式中：α_t 为矩形面积受三角形作用荷载最小值角点 1 下，荷载最大值角点 2 的附加应力系数，它也是 $m = l/b$、$n = z/b$ 的函数，亦可从函数表中查得。

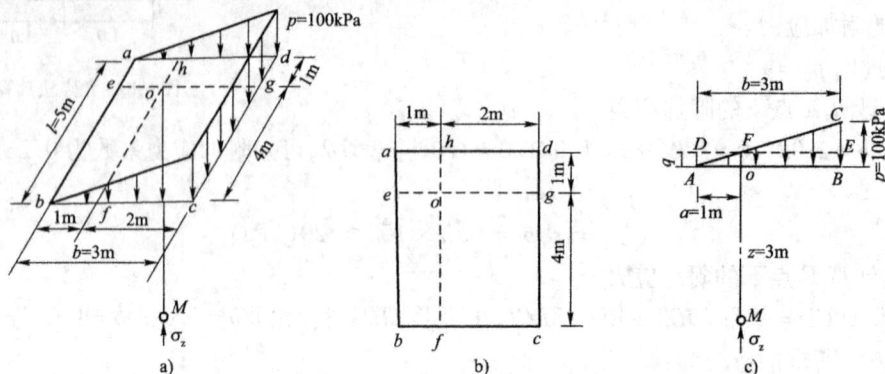

图 6-12　作用在地基上的三角形分布荷载及 M 点应力计算

[例题 6-2]　有一矩形面积（$l = 5\text{m}$，$b = 3\text{m}$）三角形分布的荷载作用在地基表面，如图 6-12 所示。三角荷载最大值 $p = 100\text{kPa}$，计算在矩形面积内 o 点下深度 $z = 3\text{m}$ 处 M 点的竖向应力 σ_z 值。

求解本例题需要通过两次叠加法计算。第一次应用角点法，进行荷载作用面积的叠加；第二次是荷载分布图形的叠加。

解：（1）荷载作用面积叠加计算。

因为 o 点把矩形面积划分为四块（$aeoh$、$ebfo$、$ofcg$、$hogd$），每块都有一个角点位于 o 点处，假定其上作用着均布荷载 q，故可用角点法计算。其中矩形面积 $aeoh$、$ebfo$ 上作用的是三角形荷载，且计算点 o 位于三角形荷载的最大值 p_0 处；矩形面积 $ofcg$ 和 $hogd$ 上作用的荷载为梯形荷载，将此梯形荷载看成是均布荷载与三角形荷载的叠加。由几何原理可知，o 点处的荷载强度 $p_0 = p/3$。用角点法计算 M 点的竖向应力为：

$$\sigma_{z1} = p_0(\alpha_1 + \alpha_2 + \alpha_3 + \alpha_4)$$

式中：$\alpha_1 + \alpha_2 + \alpha_3 + \alpha_4$——各块面积的应力系数，由表 6-2 查得并将其结果列于表 6-3 中。

应力系数 α_{zi} 计算表　　　　　　　　　　　　　　　　表 6-3

编号	荷载作用面积	l/b	z/b	α_{zi}
1	$aeoh$	$1/1 = 1$	$3/1 = 3$	0.045
2	$ebfo$	$4/1 = 4$	$3/1 = 3$	0.093
3	$ofcg$	$4/2 = 2$	$3/2 = 1..5$	0.156
4	$hogd$	$2/1 = 2$	$3/1 = 3$	0.073

M 点竖向应力为：

$$\sigma_{z1} = 100/3(0.045 + 0.093 + 0.156 + 0.073) = 12.2(\text{kPa})$$

（2）荷载分布图形叠加计算。

三角形分布荷载 ABC = 均布荷载 $DABE$ - 三角形荷载 AFD + 三角形荷载 CFE，所以，可将此三部分荷载产生的竖向应力叠加计算。三角形分布荷载 AFD 的最大值为 q，作用在矩形面积 $aeoh$ 及 $ebfo$ 上（o 点在荷载零点处）。因此，其对 M 点引起的竖向应力 σ_{z2} 是 $aeoh$ 及 $ebfo$ 两块矩形面积三角形分布荷载引起的竖向应力之和，即：

$$\sigma_{z2} = q(\alpha_{t_1} + \alpha_{t_2})$$

式中：α_{t_1}、α_{t_2}——两块面积的应力系数，由表6-5查得，其结果如表6-4所列。

应力系数 α_{t_i} 计算表 表6-4

编号	荷载作用面积	$m = l/b$	$n = z/b$	α_t
1	aeoh	1	3	0.021 4
2	ebfo	4	3	0.044 9
3	ofcg	2	1.5	0.068 2
4	hogd	0.5	1.5	0.031 3

故三角形分布荷载 AFD 对 M 点引起的竖向应力为：

$$\sigma_{z2} = 100/3(0.0214 + 0.0449) = 2.21(\text{kPa})$$

同理，三角形荷载 CFE 的最大值为 q，作用在矩形面积 ofcg 及 hogd 上（o 点在荷载零点处），因此，它对 M 点引起的竖向应力 σ_{z3} 是 ofcg 及 hogd 两块矩形面积三角形分布荷载引起的竖向应力之和，即：

$$\sigma_{z3} = (p - q)(\alpha_{t3} + \alpha_{t4}) = (100 - 100/3)(0.0682 + 0.0313) = 6.63(\text{kPa})$$

故三角形分布荷载 ABC 对 M 点产生的竖向应力为：

$$\sigma_{z3} = \sigma_{z1} - \sigma_{z2} + \sigma_{z3} = 12.2 - 2.21 + 6.63 \approx 16.6(\text{kPa})$$

矩形面积受三角形分布荷载作用角点下附加应力系数 α_t 值 表6-5

z/b	l/b									
	0.2		0.4		0.6		0.8		1.0	
	1	2	1	2	1	2	1	2	1	2
0.0	0.000 0	0.250 0	0.000 0	0.250 0	0.000 0	0.250 0	0.000 0	0.250 0	0.000 0	0.250 0
0.2	0.022 3	0.182 1	0.280 0	0.211 5	0.029 6	0.216 5	0.030 1	0.217 8	0.030 4	0.218 2
0.4	0.026 9	0.109 4	0.042 0	0.160 4	0.048 7	0.178 1	0.051 7	0.184 4	0.053 1	0.187 0
0.6	0.025 9	0.070 0	0.044 8	0.116 5	0.056 0	0.140 5	0.062 1	0.152 0	0.065 4	0.157 5
0.8	0.023 2	0.048 0	0.042 1	0.085 3	0.055 3	0.109 3	0.063 7	0.123 2	0.068 8	0.131 1
1.0	0.020 1	0.034 6	0.037 5	0.063 8	0.050 8	0.085 2	0.060 2	0.099 6	0.066 6	0.108 6
1.2	0.017 1	0.026 0	0.032 4	0.094 1	0.045 0	0.067 3	0.054 6	0.080 7	0.061 5	0.090 1
1.4	0.014 5	0.020 2	0.027 8	0.038 6	0.039 2	0.054 0	0.048 3	0.066 1	0.055 4	0.075 1
1.6	0.012 3	0.016 0	0.023 8	0.031 0	0.033 9	0.044 0	0.042 4	0.054 7	0.049 2	0.062 8
1.8	0.010 5	0.013 0	0.020 4	0.025 4	0.029 4	0.036 3	0.037 1	0.045 7	0.045 3	0.053 4
2.0	0.009 0	0.010 8	0.017 6	0.021 1	0.025 5	0.030 4	0.032 4	0.038 7	0.038 4	0.045 6
2.5	0.006 3	0.007 2	0.012 5	0.014 0	0.018 3	0.020 5	0.023 6	0.026 5	0.028 4	0.031 3
3.0	0.004 6	0.005 1	0.009 2	0.010 0	0.013 5	0.014 8	0.017 6	0.019 2	0.021 4	0.023 3
5.0	0.001 8	0.001 9	0.003 6	0.003 8	0.005 4	0.005 6	0.007 1	0.007 4	0.008 8	0.009 1
7.0	0.000 9	0.001 0	0.001 9	0.001 9	0.002 8	0.002 9	0.003 8	0.003 8	0.004 7	0.004 7
10.0	0.000 5	0.000 4	0.000 9	0.001 0	0.001 4	0.001 4	0.001 9	0.001 9	0.002 4	0.002

四、圆形面积均布荷载下附加应力

如图6-13所示，在半径为 R 的圆形荷载面积上作用着竖向均布荷载 p_0。求荷载面中心点

下任意一点 $M(r,z)$ 的竖向应力,其计算公式为:

$$\sigma_z = \alpha_r p_0$$

式中:α_r——均布圆形荷载中心点下的附加应力系数,它是 r/R 及 z/R 的函数;

$\quad\quad R$——圆面积的半径;

$\quad\quad r$——应力计算点 M 到 z 轴的水平距离。

五、条形面积均布荷载下附加应力

如图 6-14 所示,当矩形基础底面的长宽比很大,如 $l/b \geq 10$ 时,称为条形基础。建筑工程中砖混结构的墙基础与挡土墙基础、路堤、堤坝等均属于条形基础。在计算土中任一点 M 处的应力时,只与该点的平面坐标 (x,z) 有关,而与荷载长度方向 y 轴坐标无关,这种应力状态亦属于平面应变问题。计算公式为:

$$\sigma_z = \alpha_s p_0$$

式中:α_s——均布条形荷载下的竖向附加应力系数,是 $m = z/b$ 和 $n = x/b$ 的函数。

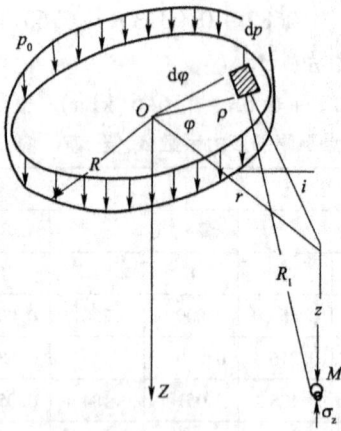

图 6-13　圆形面积均布荷载下附加应力计算　　　图 6-14　条形面积均布荷载下附加应力计算

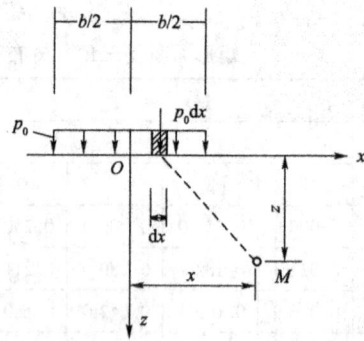

六、条形面积三角形荷载下附加应力

这种荷载分布出现在挡土墙基础受偏心荷载、路堤填土产生的重力荷载等情况。在地基表面作用三角形分布条形荷载,如图 6-15 所示,其最大值为 p_t。坐标原点 o 取在条形面积中点。x 坐标有正、负之分,由原点 o 向荷载增大方向为正,反之为负。地基中任一点深度 z 处 M 点的附加应力,计算公式为:

$$\sigma_z = \alpha_z p_0$$

式中:α_z——条形面积受垂直三角形分布荷载作用下的附加应力系数,是 x/b 和 z/b 的函数,注意,坐标原点 o 取在条形面积中点处。

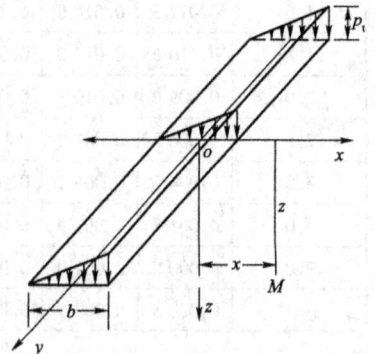

[例题 6-3]　有一路堤如图 6-16 所示,已知填土重度为 20kN/m^3,求路堤中线下 o 点($z=0$)及 M 点($z=10\text{m}$)的竖向应力 σ_z 值。

图 6-15　条形面积三角形荷载下附加应力计算

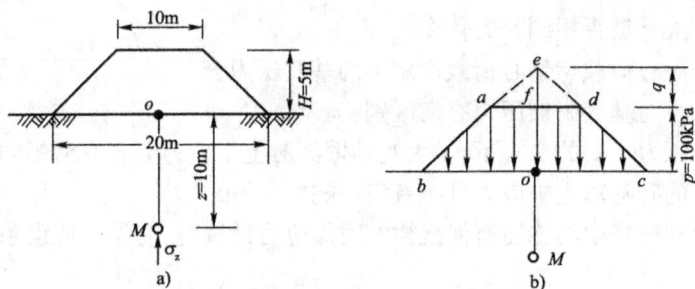

图6-16 例题6-3图

解:路堤填土产生的重力荷载为梯形分布,其最大荷载强度为:

$$p = \gamma H = 20 \times 5 = 100(\text{kPa})$$

将梯形荷载 abcd 分解为两个三角形荷载 ebc 及 ead 之差。故:

$$\sigma_z = 2[\sigma_{z(ebc)} - \sigma_{z(ead)}] = 2[\sigma_{t1}(p+q) - \sigma_{t2}q]$$

式中:q——三角形荷载 ead 的最大荷载强度,由三角形的比例关系可知:$q = p = 100\text{kPa}$。

路堤中线下 o 点($z=0$)及 M 点($z=10\text{m}$)的竖向应力系数 α_{tz} 值(查表6-7)见表6-6。

应力系数 α_{tz} 计算表　　　　　　　　表6-6

编号	荷载分布面积	x/b	O 点($z=0$)		M 点($z=10$)	
			z/b	α_{tz}	z/b	α_{tz}
1	ebo	5/10	0	0.50	10/10	0.25
2	eaf	2.5/5	0	0.50	10/5	0.15

o 点($z=0$)的竖向应力为:

$$\sigma_z = 2[\alpha_{tz1}(p+q) - \alpha_{tz2}q] = 2[0.5(100+100) - 0.5 \times 100] = 100(\text{kPa})$$

M 点($z=10\text{m}$)的竖向应力为:

$$\sigma_z = 2[\alpha_{tz1}(p+q) - \alpha_{tz2}q] = 2[0.25(100+100) - 0.15 \times 100] = 70.0(\text{kPa})$$

条形面积受垂直三角形分布荷载作用附加应力系数 α_{tz} 值　　　　　表6-7

z/b	x/b									
	-2.0	-1.0	-0.5	0.00	0.25	0.5	0.75	1.0	1.50	2.0
0	0	0	0	0.5	0.75	0.50	0	0	0	0
0.25	0	0	0.08	0.48	0.65	0.42	0.08	0.02	0	0
0.50	0	0.02	0.13	0.41	0.47	0.35	0.16	0.06	0.01	0
0.75	0.01	0.05	0.15	0.33	0.36	0.29	0.19	0.10	0.03	0.01
1.00	0.01	0.06	0.16	0.28	0.29	0.25	0.18	0.12	0.05	0.02
1.50	0.02	0.09	0.15	0.20	0.20	0.19	0.16	0.13	0.07	0.04
2.00	0.03	0.09	0.14	0.16	0.16	0.15	0.13	0.12	0.08	0.05
3.00	0.05	0.08	0.10	0.11	0.11	0.10	0.10	0.09	0.07	0.05
4.00	0.05	0.07	0.08	0.08	0.08	0.08	0.08	0.07	0.06	0.05
5.00	0.05	0.06	0.06	0.06	0.06	0.06	0.06	0.06	0.05	0.04

知识检验

1.什么是土的自重应力与附加应力? 土的自重应力沿深度有何变化? 计算土的自重应力

时,在地下水位上、下是否相同? 为什么?

2. 怎样计算中心荷载与偏心荷载作用下的基底压力?

3. 基底总压力与基底附加压力有何区别?

4. 在基底总压力不变的前提下,增大基础埋深对土中应力分布有何影响?

5. 地下水位的升降对土中应力分布有何影响?

6. 附加应力在地基中的传播有何规律? 附加应力计算时,有哪些假设条件?

实战演练

1. 某建筑场地的地质剖面如图 6-17 所示,试求 1、2、3、4 各点的自重应力,并绘出土的自重应力曲线。

2. 今有一矩形面积地基,底面尺寸为 2.0m × 1.0m,其上作用均布荷载 $p = 100kPa$,如图 6-18 所示。计算矩形面积的角点 A、边点 E、中心点 O,以及矩形面积外 F 点和 G 点下,深度 $Z = 1.0m$ 处的附加应力,并利用计算的结果说明附加应力的扩散规律。

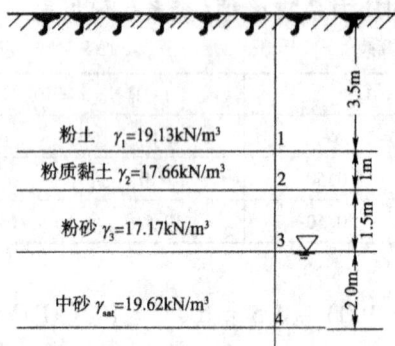

图 6-17 地质剖面图

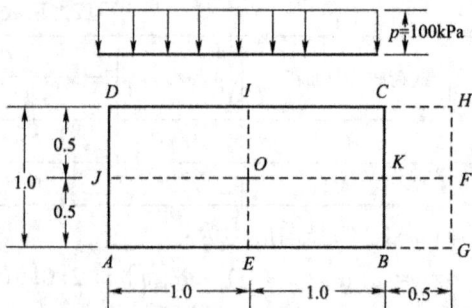

图 6-18 作用均布荷载的矩形面积地基

3. 如图 6-19 所示,求建筑物基础 C 点下 15m 处的竖向附加应力,已知基础的基底压力为 130kPa。

4. 某矩形基础的尺寸和荷载分布如图 6-20 所示,分别计算 A、B、C 三点 3m 处的竖向附加应力。

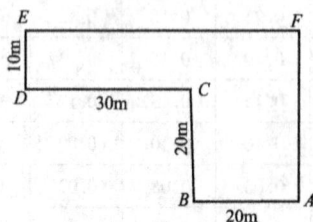

图 6-19 建筑物基础

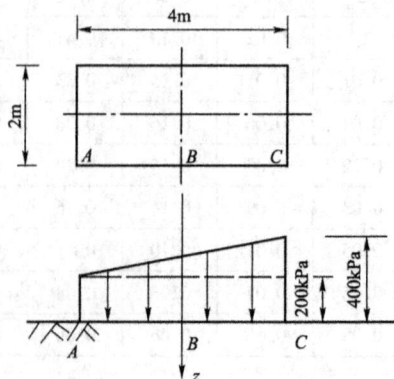

图 6-20 矩形基础及其荷载分布

5. 如图 6-21 所示,分别计算甲、乙两个相邻基础中点下不同深度处的 σ_z 值;根据计算结果绘制出附加应力的分布图形;分析相邻基础的相互影响。基础埋深范围内的土层天然重度为 18kN/m³。

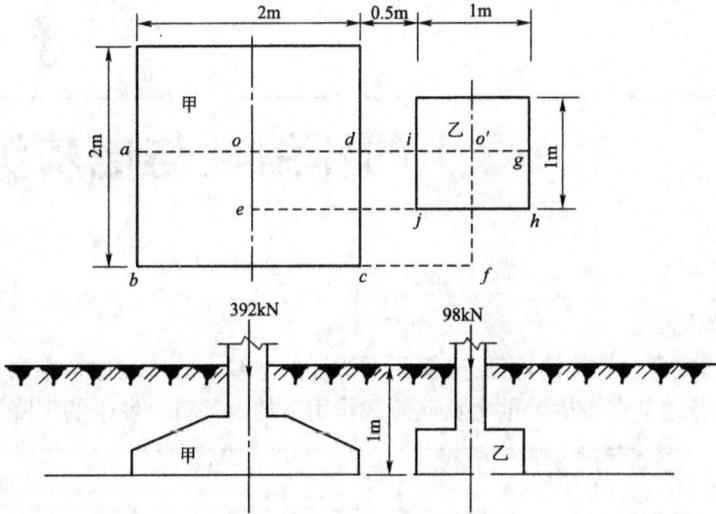

图 6-21 甲、乙两相邻基础

土的压缩性与地基沉降计算

情境导入

　　某设计部门接到一桥梁设计任务,需要对桥址的地基土的压缩进行勘察,并获得土的压缩性指标,从而进行地基在该桥梁重力及动荷载作用下的地基将会发生的沉降计算。

学习目标

【知识目标】

1. 解释土固结作用的概念;

2. 描述土压缩指标意义;

3. 掌握固结试验的原理和操作。

【能力目标】

1. 学生能够测定土的压缩性指标;

2. 会利用分层总和法计算地基沉降量。

测试土的压缩性质

土在压力作用下体积减小的特性称为土的压缩性。研究表明,在一般工程压力 100 ~ 600kPa作用下,土的三项物质组成当中,土颗粒的压缩很小,可以忽略不计。所以,土的压缩可看作是由于孔隙中水和空气被挤出,使土中孔隙体积减小产生的。饱和土压缩时,随着孔隙体积的减小,土中孔隙水被挤出,这种现象称为固结。

在荷载作用下,透水性大的无黏性土,其压缩过程在很短的时间内就可完成,而透水性很小的黏性土,其压缩过程需要很长时间才能完成。一般认为,砂土的压缩在施工期间即告完成;高压缩性黏性土的压缩,在施工期间只完成最后沉降量的 5% ~20%。

研究土的压缩固结,对于在建筑物设计时预留它们的有关部分之间的净空、考虑连接方法及施工顺序等,都是十分重要的。

一、压缩试验

土的孔隙比与压力的关系,反映了土的压缩性质,可由侧限压缩试验确定。压缩试验就是用环刀切取原状土样,放在压缩仪(也称为固结仪)内,然后逐级加铅直压力 p,并用百分表测量相应稳定压缩量 S,再经过换算,求得相应的孔隙比 e。

设 h_0 为土样初始高度,h 为土样受压后的高度,S 为压力 p 作用下土样压缩稳定后的压缩量。则 $h = h_0 - S$,如图 7-1。

根据土的孔隙比的定义,初始孔隙比为:

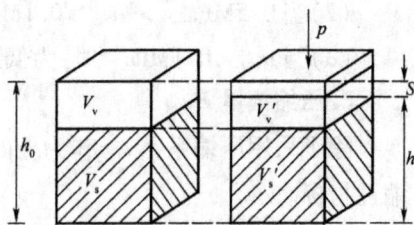

图 7-1　土侧限压缩

$$e_0 = \frac{V_v}{V_s} = \frac{V - V_s}{V_s} = \frac{V}{V_s} - 1$$

设土样的横截面积为 A,于是 $V = h_0 A$,把它带入上式,经简单变换后,得:

$$V_s = \frac{h_0 A}{1 + e_0} \tag{7-1a}$$

用某级压力 p 作用下的孔隙比 e 和稳定压缩量 S 表示土粒体积:

$$V_s = \frac{hA}{1 + e} = \frac{(h_0 - S)A}{1 + e} \tag{7-1b}$$

因为土样受压前后土粒体积和横断面面积不变,故式(7-1a)与式(7-1b)相等:

$$\frac{h_0}{1 + e_0} = \frac{h_0 - S}{1 + e} \tag{7-1c}$$

解得:

$$e = e_0 - \frac{S}{h_0}(1 + e_0) \tag{7-1d}$$

这样，只要测出土样在各级压力 p 作用下的稳定压缩量 S 后，即可按式(7-1d)算出相应的孔隙比 e，从而就可绘出压力和孔隙比关系曲线，即压缩曲线(图7-2)。

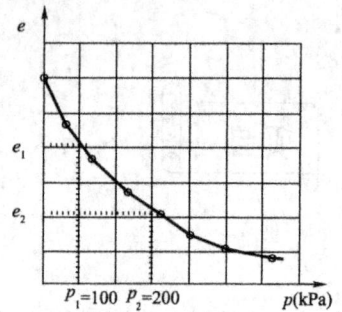

图7-2　压缩曲线

二、压缩性指标

1. 压缩系数 a

从压缩曲线可以看出，孔隙比 e 随压力 p 增大而减小。当压力变化不大时，令

$$a = \tan\beta = 1000 \times \frac{e_1 - e_2}{p_2 - p_1} \tag{7-2}$$

式中：1000——单位换算系数；

$\quad$ a——压缩系数(MPa^{-1})；

$\quad$ p_1、p_2——固结压力(kPa)；

$\quad$ e_1、e_2——相应于 p_1、p_2 时的孔隙比。

压缩系数 a 表示单位压力下孔隙比的变化。显然，压缩系数越大，土的压缩性就越大。由图7-2可见，土的压缩系数并不是常数，而是随压力 p_1、p_2 数值的改变而改变。

在计算地基沉降时，p_1 和 p_2 应取实际压力，即 p_1 取土的自重应力，p_2 取土的自重应力与附加应力之和。

在评价土体的压缩性时，一般取 $p_1 = 100\mathrm{kPa}$，$p_2 = 200\mathrm{kPa}$，并将相应的压缩系数记作 $a_{1\text{-}2}$，按 $a_{1\text{-}2}$ 的大小将土体的压缩性分为以下三类：

(1)当 $a_{1\text{-}2} \geq 0.5\mathrm{MPa}^{-1}$ 时，为高压缩性；

(2)当 $0.5\mathrm{MPa}^{-1} > a_{1\text{-}2} \geq 0.1\mathrm{MPa}^{-1}$ 时，为中压缩性；

(3)当 $a_{1\text{-}2} < 0.1\mathrm{MPa}^{-1}$ 时，为低压缩性。

2. 压缩模量 E_s

除了采用压缩系数 $a_{1\text{-}2}$ 作为土的压缩性指标外，在工程上，还常采用压缩模量作为土的压缩性指标。

在压缩仪内完全侧限的条件下，土的应力变化量与其应变的变化量之比，称为压缩模量，用 E_s 表示，即：

$$E_s = \frac{\Delta p}{\Delta \varepsilon} \tag{7-3}$$

其中，在侧限条件下，土样应变变化量：

$$\Delta \varepsilon = \frac{\Delta h}{h_1} = \frac{e_1 - e_2}{1 + e_1} \tag{7-4}$$

把式(7-4)带入式(7-3)：

$$E_s = \frac{\Delta p}{\Delta \varepsilon} = \frac{p_2 - p_1}{\dfrac{e_1 - e_2}{1 + e_1}} = \frac{1 + e_1}{\dfrac{e_1 - e}{p_2 - p_1}} = \frac{1 + e_1}{a}$$

即：

$$E_s = \frac{1 + e_1}{a} \tag{7-5}$$

压缩模量 E_s 是土的压缩性指标，E_s 不是常数，在运用到沉降计算中时，应根据实际竖向应力的大小，在压缩曲线上取相应的孔隙比来确定这些指标。

3. 压缩指数 C_C

当采用半对数坐标来绘制 $e\text{-}p$ 关系曲线时，得到 $e\text{-}\lg p$ 曲线（图 7-3）。在 $e\text{-}\lg p$ 曲线中可以看到，当压力较大时，$e\text{-}\lg p$ 曲线接近直线。

将 $e\text{-}\lg p$ 曲线直线段的斜率用 C_C 表示，称为压缩指数，是无量纲的量，则

$$C_C = \frac{e_1 - e_2}{\lg p_2 - \lg p_1} \tag{7-6}$$

压缩指数与压缩系数不同，它在压力较大时为常数，不随压力变化而变化。C_C 值越大，土的压缩性越高，低压缩性土的 C_C 一般小于 0.2，高压缩性土的 C_C 一般大于 0.4。

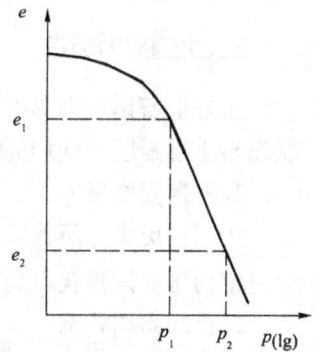

图 7-3 $e\text{-}\lg p$ 曲线

4. 变形模量

土的压缩性，除了采用上述室内压缩试验测定的指标——压缩系数和压缩模量外，还可通过现场原位测试方法测定的变形模量来表示。由于变形模量是在现场原位测得的，所以它能比较准确地反映土在天然状态下的压缩性。其中，荷载试验是一种比较有效的原位测试方法。

进行荷载试验时，先在现场挖一个试坑，其深度等于基础的埋置深度，宽度不小于荷载板宽度（或直径）的三倍。荷载板的面积采用 $0.25 \sim 0.5\text{m}^2$。

加载方法视具体条件采用铅块或油压千斤顶。

试验的加荷标准应符合下列要求：加荷等级不小于 8 级，最大加载量不小于设计荷载的 2 倍。每级加载后，按间隔 10min、10min、10min、15min、15min，以后每隔半小时读一次沉降值。当连续 2h，每小时的沉降量小于 0.1mm 时，则认为已趋于稳定，可加下一级荷载。第一级荷载（包括设备重力），宜接近开挖试坑所卸除土的自重力，其后每级荷载增量，对松软土采用 $10 \sim 25\text{kPa}$；对较坚硬土采用 50kPa。并观测累计荷载下的稳定沉降量（mm），直至地基土达到极限状态，即出现下列情况之一时加载终止：

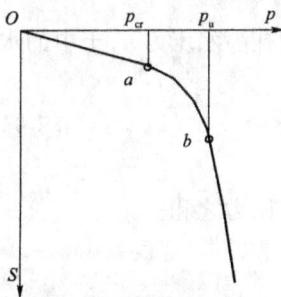

图 7-4 荷载试验曲线

(1) 荷载板周围的土有明显的侧向挤出；

(2) 荷载 p 增加很小，但沉降量 S 却急剧增大；

(3) 在荷载不变的情况下，24h 内，沉降速率不能达到稳定标准；

(4) 总沉降量 $S \geqslant 0.06b$（b 为荷载板宽度或直径）。

满足前三种情况之一时，其对应的前一级荷载定为极限荷载。

根据荷载试验的记录，可以绘制荷载板底面应力与沉降量的关系曲线，即 $p\text{-}S$ 曲线，如图 7-4 所示。从图中可以看出，荷载板的沉降量随压力的增大而增加；当压力小于 p_{cr} 时，沉降量和应力近似成正比，可采用弹性力学公式(7-7)通过对荷载板面积积分得到土的变形模量 E_0（MPa）：

$$E_0 = \omega(1 - \mu^2)\frac{p_{cr}b}{S_1} \times 10^{-3} \tag{7-7}$$

式中：ω——沉降量系数，方形荷载板为 0.88，圆形荷载板为 0.79；

$\quad\quad \mu$——土的泊松比；

p_{cr}——$p\text{-}S$ 曲线直线段终点所对应的应力或荷载(kPa),称为临塑荷载;

S_1——与临塑荷载所对应的沉降量(mm);

b——荷载板的宽度或直径(mm)。

荷载试验的应用很广,如用于确定地基承载力等,将在后面介绍。

三、土的应力历史

工程上所谓应力历史是指土层在地质历史发展过程中所形成的先期应力状态,以及这个状态对土层强度与变形的影响。

1. 先期固结压力

土层在历史上所曾经承受过的最大固结压力,称为先期固结压力,用 p_c 表示。目前可以通过室内压缩试验获得的 $e\text{-}\lg p$ 曲线来确定,如卡萨格兰德(Cassagrande)法。

2. 土的固结状态

工程中根据先期固结压力与目前自重应力的相对关系,将土层的天然固结状态划分为三种,即正常固结、超固结和欠固结。用超固结比 OCR 作为反映土层固结状态的定量指标。

$$\text{OCR} = \frac{p_c}{\sigma_{cz}} \tag{7-8}$$

天然土层按如下方法划分为正常固结、超固结和欠固结土:

①正常固结土,$p_c = \sigma_{cz}$ 即 OCR $=1.0$;

②超固结土,$p_c > \sigma_{cz}$ 即 OCR >1.0;

③欠固结土,$p_c < \sigma_{cz}$ 即 OCR <1.0。

四、饱和土的有效应力原理

碎石土和砂土的压缩性小而渗透性大,在受荷后固结稳定所需的时间很短,可以认为在外荷载施加完毕时,其固结变形就已经基本完成。饱和黏性土与粉土地基在建筑物荷载作用下需要经过相当长时间才能达到最终沉降,例如厚的饱和软黏土层,需要几年甚至几十年才能完成固结。

作用于饱和土体内某截面上的总应力 σ 由两部分组成:一部分为孔隙水压力 u,土中的水所承担;另一部分为有效应力 σ',为土中土颗粒所承担。其关系为:

$$\sigma = \sigma' + u \tag{7-9}$$

上式称为饱和土的有效应力公式,或称为有效应力原理,表达为:

(1)饱和土体内任一平面上受到的总应力等于有效应力与孔隙水压力之和;

(2)土的强度的变化和变形只取决于土中有效应力的变化。

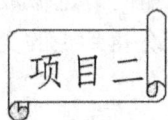

项目二

地基土最终总沉降量的计算

地基最终沉降量是指地基在建筑物荷载作用下,最后的稳定沉降量。计算地基最终沉降量的目的,在于确定建筑物最大沉降量、沉降差和倾斜,并控制在容许范围以内,以保证建筑物的安全和正常使用。

计算地基沉降量的方法有多种,如弹性理论法、分层总和法及规范法,在此介绍分层总和法。

一、计算原理及公式

(1)地基土受荷后不能发生侧向变形。

(2)按基础底面中心点下附加应力计算土层分层的压缩量。

(3)基础最终沉降量等于基础底面下压缩层(见后)范围内各土层分层压缩量的总和。

将基础底面下压缩层范围内的土层划分为若干分层,现分析第 i 分层的压缩量的计算方法,参见图7-5。在建筑物建造以前,第 i 分层仅受到土的自重应力作用,在建筑物建造以后,该分层除受自重应力外,还受到建筑物荷载所产生的附加应力的作用。如前所述,在一般情况下,土的自重应力产生的变形过程早已完结,而只有附加应力(新增加的)才会产生土层新的变形,从而使基础沉降。由于假定土层受荷后不产生侧向变形,所以它的受力状态与压缩试验时土样一样,故第 i 层的压缩量可按下式计算:

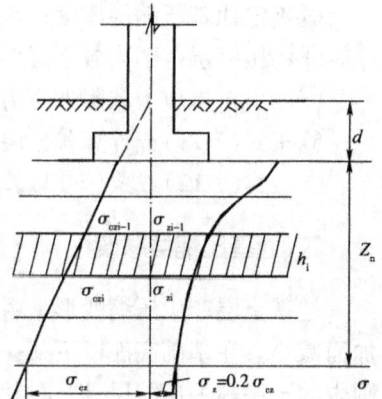

图7-5 分层总和法沉降计算

$$S_i = \Delta\varepsilon_i h_i \tag{7-10}$$

将式(7-4)代入上式,得:

$$S_i = \frac{e_{1i} - e_{2i}}{1 + e_{1i}} h_i \tag{7-11}$$

则基础总沉降量

$$S = \sum_{i=1}^{n} S_i = \sum \frac{e_{1i} - e_{2i}}{1 + e_{1i}} h_i \tag{7-12}$$

式中:S——基础最终沉降量;

e_{1i}——第 i 分层在建筑物建造前,在土的平均自重应力作用下的孔隙比;

e_{2i}——第 i 分层在建筑物建造后,在土的平均自重应力和平均附加应力作用下的孔隙比;

h_i——第 i 分层的厚度,为了保证计算的精确性,一般取 $h_i \leqslant 0.4b$(b 为基础宽度);

n——压缩层范围内土层分层数目。

式(7-11)、式(7-12)是分层总和法的基本公式,它适用于采用压缩曲线计算。若在计算中采用土的压缩模量 E_S 作为计算指标,则式(7-11)、式(7-12)可变成另外的形式。

由式(7-2)得:$e_1 - e_2 = a(p_2 - p_1)$,并由图7-5可见,第 i 分层内相应于上式中的应力 $p_1 = \frac{1}{2}(\sigma_{czi} + \sigma_{czi-1})$,而 $p_2 = \frac{1}{2}(\sigma_{czi} + \sigma_{czi-1}) + \frac{1}{2}(\sigma_{zi} + \sigma_{zi-1})$,于是,第 i 层土的孔隙比的变化为:

$$e_{1i} - e_{2i} = a_i \frac{\sigma_{zi} + \sigma_{zi-1}}{2}$$

将上式代入式(7-12),并注意到 $E_{Si} = \frac{1 + e_{1i}}{a_i}$,则得:

$$S = \sum_{i=1}^{n} \frac{1}{E_{Si}} \frac{\sigma_{zi} + \sigma_{zi-1}}{2} h_i \qquad (7\text{-}13)$$

式中：E_{Si}——第 i 分层土的压缩模量；

其余符号意义同前。

综上所述，按分层总和法计算基础沉降量的具体步骤如下：

①按比例尺绘出地基剖面图和基础剖面图；

②计算基底的附加应力和自重应力；

③确定地基压缩层厚度；

④将压缩层范围内各土层划分成厚度为 $h_i \leqslant 0.4b$（b 为基础宽度）的薄土层；

⑤绘出自重应力和附加应力分布图（各分层的分界面应标明应力值）；

⑥按式（7-11）或计算各分层的压缩量；

⑦按式（7-12）或式（7-13）算出基础总沉降量。

二、地基压缩层厚度

地基土层产生压缩变形是由荷载产生的附加应力引起的，地基土内的附加应力随深度增加而减小。在基础底面以下某一深度以下的土层压缩变形很小，可以忽略不计。这个深度范围内的土层称为压缩层，即地基沉降计算的范围。

目前，确定压缩层厚度的方法有以下几种：

（1）当无相邻荷载影响，基础宽度 B 在 $1 \sim 50\mathrm{m}$ 范围内时，基础中点的地基沉降计算深度可按下列简化公式计算：

$$z_n = B(2.5 - 0.41\ln B) \qquad (7\text{-}14)$$

式中：B——基础宽度（m）。

如 z_n 以下有较软土层时，还应继续向下计算，直到再次满足式（7-12）为止。在计算深度范围内存在基岩时，此值可取至基岩表面。

（2）当有相邻基础影响时，地基沉降计算深度应满足下式要求：

$$\Delta S'_n \leqslant 0.025 \sum_{i=1}^{n} \Delta S'_i \qquad (7\text{-}15)$$

式中：$\Delta S'_n$——深度 z_n 处，向上取计算厚度为 Δz（按表 7-1 确定）的沉降计算变形值；

$\Delta S'_i$——深度 z_n 范围内，第 i 层土的沉降计算变形值。

计算层厚度 Δz 值

表 7-1

$B(\mathrm{m})$	$B \leqslant 2$	$2 < B \leqslant 4$	$4 < B \leqslant 8$	$8 < B \leqslant 15$	$15 < B \leqslant 30$	$B > 30$
$\Delta z(\mathrm{m})$	0.3	0.6	0.8	1.0	1.2	1.5

（3）附加应力与自重应力比值法。

如前所述，附加应力随深度增加而减小，而土的自重应力随深度的增加而增大。一般情况下，自重应力已不再使土层产生压缩，可以认为当基底下某处附加应力与自重应力的比值小到一定程度，即可认为该处就为压缩层的下限。一般认为，可取附加应力与自重应力的比值为 0.2（软土取 0.1）处作为压缩层的下限条件，并精确到 5kPa，即满足下式：

$$\mid \sigma_z - 0.2\sigma_{cz} \mid \leqslant 5\mathrm{kPa} \ 或 \ \mid \sigma_z - 0.1\sigma_{cz} \mid \leqslant 5\mathrm{kPa} \qquad (7\text{-}16)$$

[**例题 7-1**]　某基础底面为正方形，边长为 $l = b = 4.0\mathrm{m}$，上部结构传至基础底面荷载 $N = 1\,440\mathrm{kN}$。基础埋深 $d = 1.0\mathrm{m}$。地基为粉质黏土，土的天然重度 $\gamma = 16.0\mathrm{kN/m^3}$。地下水位深

度 3.4m，水下饱和重度 $\gamma_{sat} = 18.2\text{kN/m}^3$。土的压缩试验结果 $e\text{-}p$ 曲线如图 7-6 所示，计算基础的沉降量。

解：(1)绘制基础与地基剖面图，如图 7-7 所示；

(2)计算地基土的自重应力。

基础底面处 $\sigma_{cz1} = \gamma d = 16 \times 1 = 16(\text{kPa})$。

地下水面处 $\sigma_{cz2} = 3.4 \times \gamma = 3.4 \times 16 = 54.4(\text{kPa})$。

地面下 $2B$ 深度处 $\sigma_{cz3} = 3.4 \times 16 + (8 - 3.4) \times (18.2 - 10) = 92.1(\text{kPa})$。

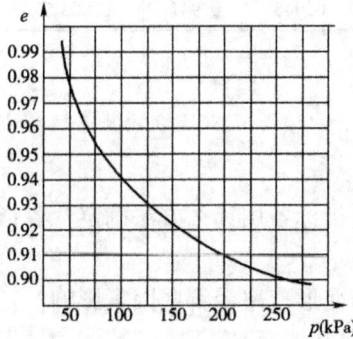

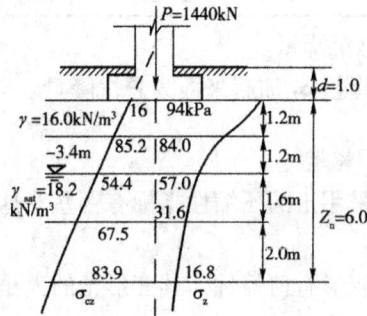

图 7-6 压缩曲线   图 7-7 地基应力分布图

(3)基础底面接触压力(设基础及其回填土的重度为 20kN/m^3)：

$$p = \frac{N + G}{F} = \frac{1440 + 20 \times 4 \times 4 \times 1}{4 \times 4} = 110.0(\text{kPa})$$

(4)基础底面附加应力 $p_0 = p - \gamma d = 110 - 16 \times 1 = 94.0(\text{kPa})$。

(5)地基中的附加应力，计算结果见表 7-2。

附 加 应 力 计 算   表 7-2

深度 z(m)	l/b	Z/b	系数 α_0	$\sigma_z = 4\alpha_0 p_0$(kPa)
0	1.0	0	0.25	94.0
1.2	1.0	0.6	0.223	84.0
2.4	1.0	1.2	0.152	57.0
4.0	1.0	2.0	0.084	31.6
6.0	1.0	3.0	0.045	16.8

(6)地基压缩层深度 z_n 的取值。在图 7-7 中，自重应力与附加应力分布两条曲线，由 $\sigma_z = 0.2\sigma_{cz}$，当深度 $z_n = 6.0\text{m}$ 时，$\sigma_z = 16.8\text{kPa} \approx 0.2\sigma_{cz} = 0.2 \times 83.9(\text{kPa})$。

故受压层深度取 6m。

(7)地基沉降计算分层，一般要求 $h_i \leqslant 0.4b = 0.4 \times 4 = 1.6(\text{m})$。地下水以上 2.4m 分两层，每层 1.2m；第三层 1.6m，第四层附加应力较小，可取 2.0m。

(8)地基沉降计算公式：

$$S_i = \left(\frac{e_1 - e_2}{1 + e_1}\right)_i h_i$$

根据图 7-6 地基土压缩曲线，由各土层的平均自重压力 $\overline{\sigma}_{czi}$ 数值，查得相应的孔隙比 e_1；由各土层的平均自重压力与平均附加应力之和 $\overline{\sigma}_{czi} + \overline{\sigma}_{zi}$，查出相应的孔隙比 e_2，由式(7-11)即可计算各土层的沉降量 S_i。列表计算如表 7-3 所示。

沉 降 计 算 表 表 7-3

i	h_i(m)	$\overline{\sigma}_{czi}$(kPa)	$\overline{\sigma}_{zi}$(kPa)	$\overline{\sigma}_{zci}+\overline{\sigma}_{zi}$(kPa)	e_1	e_2	$\left(\dfrac{e_1-e_2}{1+e_1}\right)_i$	S_i(mm)
1	1.2	25.6	89.0	114.6	0.970	0.937	0.016 8	20.16
2	1.2	44.8	70.5	115.3	0.960	0.936	0.012 2	14.64
3	1.6	61.0	44.3	105.3	0.954	0.940	0.007 16	11.46
4	2.0	75.7	24.2	99.9	0.948	0.941	0.003 59	7.18

(9)基础总沉降量。

将各层沉降量 S_i 加起来即为总沉降量。

知识检验

1.工程中采用土的压缩性指标有哪些？这些指标各用什么方法确定？各指标之间有什么关系？

2.土体的变形有何特性？其变形量的大小与变形速率受哪些因素影响？

实战演练

1.已知一矩形基础底面尺寸为 5.6m×4.0m,基础埋深 $d=2.0$m。上部结构总荷重 $P=6\,600$kN,基础及其上填土平均重度 $\gamma_0=20$kN/m³。地基土表层为人工填土, $\gamma_1=17.5$kN/m³,厚度 6.0m;第二层为黏土, $\gamma_2=16.0$kN/m³, $e_1=1.0$, $a=0.6$MPa^{-1},厚度 1.6m;第三层为卵石, $E_S=25$MPa,厚 5.6m。求黏土层的沉降量。

2.某柱基底面尺寸为 4.0m×4.0m,基础埋深 $d=1.0$m。上部结构传至基础顶面中心荷载 $N=1\,440$kN。地基为粉质黏土,土的天然重度 $\gamma=16.0$kN/m³,土的天然孔隙比 $e=0.97$。地下水位深 3.4m,地下水位以上土的饱和重度 $\gamma_{sat}=18.2$kN/m³。土的压缩系数:地下水位以上为 $a_1=0.30$MPa^{-1},地下水位以下为 $a_2=0.25$MPa^{-1}。计算柱基中点的沉降量。

土的抗剪强度测定及应用

情境导入

土的破坏都是剪切破坏,土的抗剪强度是土的重要力学性质之一,也是土力学的基本问题之一。在工程建设实践中,道路的边坡、路基、土石坝、建筑物的地基等丧失稳定性的例子是很多的(图8-1)。为了保证土木工程建设中建(构)筑物的安全和稳定,就必须详细研究土的抗剪强度和土的极限平衡等问题。

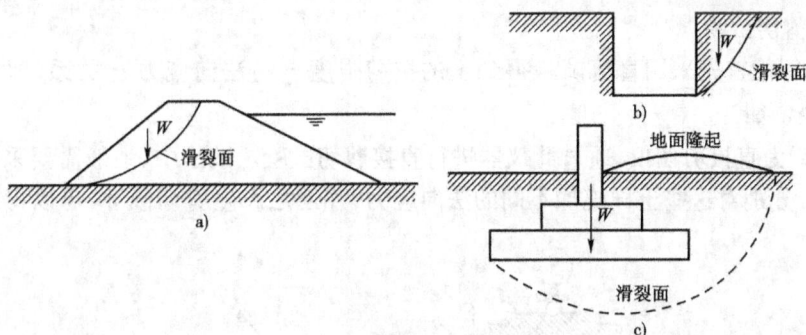

图 8-1 建筑物的地基丧失稳定性

学习目标

【知识目标】

1. 通过本学习情境的学习,学生能够熟练掌握抗剪强度基本理论;

2. 掌握土坡稳定分析方法,掌握土压力计算方法,掌握地基承载力确定方法。

【能力目标】

1. 学生能够测定土的抗剪强度指标;

2. 会分析边坡稳定性;

3. 会计算土压力;

4. 会确定地基容许承载力。

土的抗剪强度测试

一、土的抗剪强度

土的抗剪强度是指土体对外荷载所产生的剪应力的极限抵抗能力。其数值等于土体产生剪切破坏时滑动面上的剪应力。土的抗剪强度，首先取决于其自身的性质，即土的物质组成、土的结构和土所处于的状态等。土的性质又与它所形成的环境和应力历史等因素有关。其次，土的性质还取决于土当前所受的应力状态。

二、直接剪切试验

1. 直接剪切试验

1885 年库伦首先采用直剪试验得到土的抗剪强度 τ_f 与法向应力 σ 关系，即土的强度定律，也称库伦定律。

如图 8-2 为直接剪切仪，通过此仪器进行直接剪切试验。试验中，一般需要采用至少 4 个相同的土样，分别对这些土样施加不同的法向应力，并使之产生剪切破坏，可以得到 4 组不同

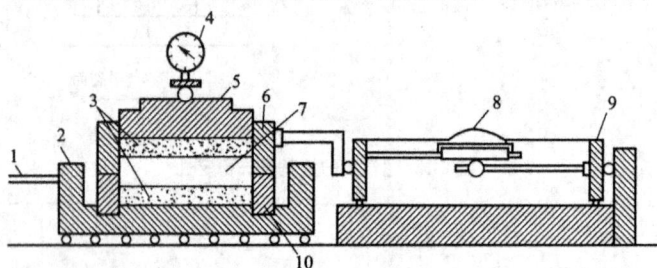

图 8-2   直接剪切仪示意图

1-轮轴；2-底座；3-透水石；4-垂直变形量表；5-活塞；6-上盒；7-土样；8-水平位移量表；9-量力环；10-下盒

的 τ_f 和 σ 的数值。然后，以 τ_f 作为纵坐标轴，以 σ 作为横坐标轴，就可绘制出土的抗剪强度 τ_f 和法向应力 σ 的关系（图 8-3）。

$$\tau_f = \sigma \tan\varphi + c \tag{8-1}$$

式中：τ_f——土的抗剪强度（kPa）；

$\quad\quad\sigma$——法向应力（kPa）；

$\quad\quad\varphi$——土的内摩擦角（°）；

$\quad\quad c$——土的黏聚力（kPa）。

2. 土的强度指标

c，φ 为土的抗剪强度指标。其中，土的黏聚力 c 是由土颗粒间的连接所形成的。土的内摩擦角 φ 是由土颗粒间的摩擦

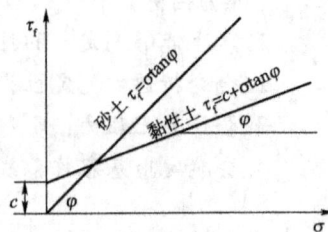

图 8-3   砂土和黏土的强度线

咬合所形成的。

土的抗剪强度试验有多种,在试验室内常用的有直接剪切试验、三轴压缩试验和无侧限抗压强度试验;在原位测试的有十字板剪切试验,大型直接剪切试验等。

三、土的极限平衡理论

1. 土中某点的应力状态

在荷载作用下,土体内任意点都将产生应力,当通过该点某一方向的平面上的剪应力等于土的抗剪强度时,即 $\tau = \tau_f$,就称该点处于极限平衡状态。所以,土的剪切破坏条件就是土的极限平衡条件。

如图 8-4 所示,在地基土中任意点取出一微分单元体,设作用在该微分体上的最大和最小主应力分别为 σ_1 和 σ_3。而且,微分体内与最大主应力 σ_1 作用平面成任意角度 α 的平面 mn 上有正应力 σ 和剪应力 τ,根据静力平衡或在应力莫尔圆上都可推出:

$$\sigma = \frac{1}{2}(\sigma_1 + \sigma_3) + \frac{1}{2}(\sigma_1 - \sigma_3)\cos2\alpha \qquad (8\text{-}2)$$

$$\tau = \frac{1}{2}(\sigma_1 - \sigma_3)\sin2\alpha \qquad (8\text{-}3)$$

用图解法求应力所采用的圆通常称为莫尔应力圆。由于莫尔应力圆上点的横坐标表示土中某点在相应斜面上的正应力,纵坐标表示该斜面上的剪应力,所以,我们可以用莫尔应力圆来研究土中任一点的应力状态(图 8-5)。

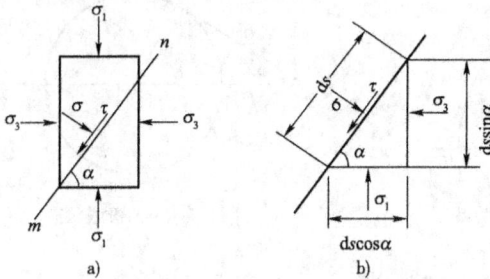

图 8-4 土中一点的应力状态   图 8-5 莫尔应力圆

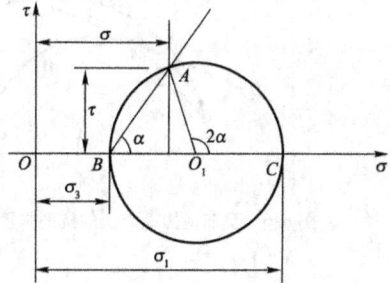

[**例题 8-1**] 已知土体中某点所受的最大主应力 $\sigma_1 = 500\text{kPa}$,最小主应力 $\sigma_3 = 200\text{kPa}$。试分别用解析法和图解法计算与最大主应力 σ_1 作用平面成 30°角的平面上的正应力 σ 和剪应力 τ。

解:(1)解析法。

由式(8-2)和式(8-3)计算,得:

$$\sigma = \frac{1}{2}(\sigma_1 + \sigma_3) + \frac{1}{2}(\sigma_1 - \sigma_3)\cos2\alpha$$

$$= \frac{1}{2}(500 + 200) + \frac{1}{2}(500 - 200)\cos(2 \times 30°) = 425(\text{kPa})$$

$$\tau = \frac{1}{2}(\sigma_1 - \sigma_3)\sin2\alpha = \frac{1}{2}(500 - 200)\sin(2 \times 30°) = 130(\text{kPa})$$

(2)图解法。

按照莫尔应力圆确定其正应力 σ 和剪应力 τ。绘制直角坐标系,按照比例尺在横坐标上

标出 $\sigma_1 = 500\text{kPa}$，$\sigma_3 = 200\text{kPa}$，以 $\sigma_1 - \sigma_3 = 300\text{kPa}$ 为直径绘圆，从横坐标轴开始，逆时针旋转 $2\alpha = 60°$ 角，在圆周上得到 A 点（图 8-5）。以相同的比例尺量得 A 的横坐标，即 $\sigma = 425\text{kPa}$，纵坐标 $\tau = 130\text{kPa}$。

可见，两种方法得到了相同的正应力 σ 和剪应力 τ，但用解析法计算较为准确，用图解法计算则较为直观。

2. 土的极限平衡条件——莫尔—库伦破坏准则

为了建立实用的土体极限平衡条件，将土体中某点的莫尔应力圆和土体的抗剪强度与法向应力关系曲线（简称抗剪强度线）画在同一个直角坐标系中（图 8-6），这样，就可以判断土体在这一点上是否达到极限平衡状态。

由前述可知，莫尔应力圆上每一点的横坐标和纵坐标分别表示土体中某点在相应平面上的正应力 σ 和剪应力 τ，如果莫尔应力圆位于抗剪强度包络线的下方，即通过该点任一方向的剪应力 τ 都小于土体的抗剪强度 τ_f，则该点土不会发生剪切破坏，而处于弹性平衡状态。若莫尔应力圆恰好与抗剪强度线相切，切点为 B，则表明切点 B 所代表的平面上的剪应力 τ 与抗剪强度 τ_f 相等，此时，该点土体处于极限平衡状态。

如图 8-7 所示，根据几何关系，建立如下平衡条件：

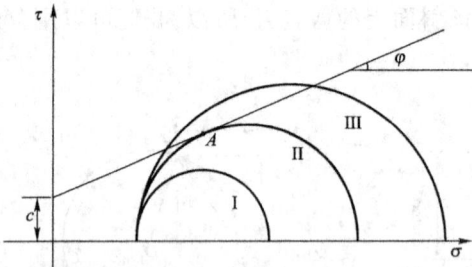

图 8-6　莫尔应力圆与土的抗剪强度之间的关系

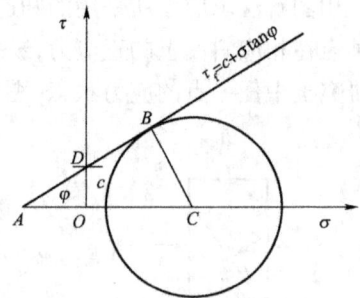

图 8-7　土的极限状态

$$\sin\varphi = \frac{|BC|}{|AO| + |OC|} = \frac{\dfrac{1}{2}(\sigma_1 - \sigma_3)}{\dfrac{1}{2}(\sigma_1 + \sigma_3) + c \times \cot\varphi}$$

经过整理可得到极限平衡条件的表达式：

$$\sigma_1 = \sigma_3\tan^2\left(45° + \frac{\varphi}{2}\right) + 2c \cdot \tan\left(45° + \frac{\varphi}{2}\right) \tag{8-4}$$

$$\sigma_3 = \sigma_1\tan^2\left(45° - \frac{\varphi}{2}\right) - 2c \cdot \tan\left(45° - \frac{\varphi}{2}\right) \tag{8-5}$$

由图 8-6 还可以得出：

$$\left.\begin{array}{r} 2\alpha = 90° + \varphi \\ \alpha = 45° + \dfrac{\varphi}{2} \end{array}\right\} \tag{8-6}$$

即剪切破裂面与大主应力 σ_1 作用平面的夹角为 $\alpha = 45° + \dfrac{\varphi}{2}$。

由此可见，土与一般连续性材料（如钢、混凝土等）不同，是一种具有内摩擦强度的材料。其剪切破裂面不产生于最大剪应力面，而是与最大剪应力面成 $\varphi/2$ 的夹角。

3. 土的极限平衡条件的应用

利用式(8-4)、式(8-5)，已知土单元体实际上所受的应力和土的抗剪强度指标 c、φ，可以很容易地判断该土单元体是否产生剪切破坏。例如，利用式(8-4)，将土单元体所受的实际应力 σ_{3m} 和土的内摩擦角 φ 代入公式的右侧，求出土处在极限平衡状态时的大主应力，如果计算得到 $\sigma_1 > \sigma_{1m}$，表示土体达到极限平衡状态要求的最大主应力大于实际的最大主应力，则土体处于弹性平衡状态；反之，如果 $\sigma_1 < \sigma_{1m}$，表示土体已经发生剪切破坏。同理，也可以用 σ_{1m} 和 φ 求出 σ_3，再比较 σ_3 和 σ_{3m} 的大小，来判断土体是否发生了剪切破坏。

[例题 8-2] 设砂土地基中一点的最大主应力 $\sigma_1 = 400\text{kPa}$，最小主应力 $\sigma_3 = 200\text{kPa}$，砂土的内摩擦角 $\varphi = 25°$，黏聚力 $c = 0$，试判断该点是否被破坏。

解： 为加深对本章节内容的理解，以下用多种方法解题。

(1)按某一平面上的剪应力 τ 和抗剪强度 τ_f 的对比进行判断。

由图 8-6 可知，破坏时土单元中可能出现的破裂面与最大主应力 σ_1 作用面的夹角 $\alpha_f = 45° + \dfrac{\varphi}{2}$。因此，作用在与 σ_1 作用面成 $45° + \dfrac{\varphi}{2}$ 平面上的法向应力 σ 和剪应力 τ 以及抗剪强度 τ_f 分别为：

$$\sigma = \frac{1}{2}(\sigma_1 + \sigma_3) + \frac{1}{2}(\sigma_1 - \sigma_3)\cos 2\left(45° + \frac{\varphi}{2}\right)$$

$$= \frac{1}{2}(400 + 200) + \frac{1}{2}(400 - 200)\cos 2\left(45° + \frac{25°}{2}\right) = 257.7(\text{kPa})$$

$$\tau = \frac{1}{2}(\sigma_1 - \sigma_3)\sin 2\left(45° + \frac{\varphi}{2}\right)$$

$$= \frac{1}{2}(400 - 200)\sin 2\left(45° + \frac{25°}{2}\right) = 90.6(\text{kPa})$$

$$\tau_f = \sigma\tan\varphi = 257.7 \times \tan 25° = 120.2(\text{kPa}) > \tau = 90.6(\text{kPa})$$

故可判断该点未发生剪切破坏。

(2)按式(8-4)判断。

$$\sigma_{1f} = \sigma_{3m}\tan^2\left(45° + \frac{\varphi}{2}\right) = 200 \cdot \tan^2\left(45° + \frac{25°}{2}\right) = 492.8(\text{kPa})$$

由于 $\sigma_{1f} = 492.8(\text{kPa}) > \sigma_{1m} = 400(\text{kPa})$，故该点未发生剪切破坏。

(3)按式(8-5)判断。

$$\sigma_{3f} = \sigma_{1m}\tan^2\left(45° - \frac{\varphi}{2}\right) = 400 \cdot \tan^2\left(45° - \frac{25°}{2}\right) = 162.8(\text{kPa})$$

由于 $\sigma_{3f} = 162.8(\text{kPa}) < \sigma_{3m} = 200(\text{kPa})$，故该点未发生剪切破坏。

另外，还可以用图解法，比较莫尔应力圆与抗剪切强度包线的相对位置关系来判断，可以得出同样的结论。

地基土承载力容许值的确定

地基的承载力容许值是指地基压力变形曲线上,在线性变形段内某一变形所对应的压力值。现行《公路桥涵地基与基础设计规范》(JTG D63—2007)规定,地基承载力基本容许值应首先考虑由载荷试验或其他原位测试取得,其值不应大于地基极限承载力的1/2。对中小桥和涵洞,当受现场条件限制,或载荷试验和原位测试确有困难时,按照规范的有关规定采用。对特殊性岩土地基,可参照各地区的经验或相应的标准确定。

一、理论公式确定地基的容许承载力

地基容许承载力的理论公式其主要依据为土的强度理论,因此,需要应用土的抗剪强度指标 c 和 φ 值。理论公式一般假定地基土为均质材料,并由条形基础均布荷载作用推导得来。若对矩形基础或圆形基础,理论公式一般也可以应用,结果偏于安全。地基的临界荷载和极限荷载均可作为地基的容许承载力,但其安全程度和经济效果不同,现分述如下。

1. 地基的临塑荷载

1)定义

地基的临塑荷载是指在外荷载作用下,地基中刚开始产生塑性变形(即局部剪切破坏)时,基础底面单位面积上所承受的荷载。

2)临塑荷载计算公式

地基的临塑荷载 P_{cr},按下式计算:

$$P_{cr} = \frac{\pi(\gamma d + c \cdot \cot\varphi)}{\cot\varphi - \frac{\pi}{2} + \varphi} + \gamma d = N_d \gamma d + N_c c \qquad (8\text{-}7)$$

式中:P_{cr}——地基的临塑荷载;

γ——埋深范围内地基土的重度;

d——基础埋深;

c——基础底面下土的黏聚力;

φ——基础底面下土的内摩擦角(°);

N_d、N_c——承载力系数,可根据 φ 值按式(8-8)、式(8-9)计算或查表确定。

$$N_d = \frac{\cot\varphi + \varphi + \frac{\pi}{2}}{\cot\varphi + \varphi - \frac{\pi}{2}} \qquad (8\text{-}8)$$

$$N_c = \frac{\pi \cdot \cot\varphi}{\cot\varphi + \varphi - \frac{\pi}{2}} \qquad (8\text{-}9)$$

2. 地基的临界荷载

1）定义

当地基中的塑性变形区最大深度为：中心荷载作用时，$z_{\max} = \dfrac{b}{4}$；偏心荷载作用时，$z_{\max} = \dfrac{b}{3}$，与此相对应的基础底面的压力，分别以 $P_{\frac{1}{4}}$ 或 $P_{\frac{1}{3}}$ 表示，称为地基的临界荷载。

2）临界荷载计算公式

（1）中心荷载作用下地基的临界荷载计算公式：

$$P_{\frac{1}{4}} = \frac{\pi\left(\gamma d + \dfrac{1}{4}\gamma d + c \cdot cot\varphi\right)}{cot\varphi - \dfrac{\pi}{2} + \varphi} + \gamma d = N_{\frac{1}{4}}\gamma b + N_d\gamma d + N_c c \tag{8-10}$$

式中：b——基础宽度（m），矩形基础短边，圆形基础 $b = \sqrt{A}$，A 为圆形基础底面积；

$N_{\frac{1}{4}}$——承载力系数，据基础底面下 φ 值，按式（8-11）计算，或查表 8-1 确定。

$$N_{\frac{1}{4}} = \frac{\pi}{4cot\varphi + \varphi - \dfrac{\pi}{2}} \tag{8-11}$$

承载力系数 N_d、N_c、$N_{\frac{1}{4}}$、$N_{\frac{1}{3}}$ 的数值   表 8-1

$\varphi(°)$	N_d	N_c	$N_{\frac{1}{4}}$	$N_{\frac{1}{3}}$	$\varphi(°)$	N_d	N_c	$N_{\frac{1}{4}}$	$N_{\frac{1}{3}}$
0	1	3	0	0	24	3.9	6.5	0.7	1.0
2	1.1	3.3	0	0	26	4.4	6.9	0.8	1.1
4	1.2	3.5	0	0.1	28	4.9	7.4	1.0	1.3
6	1.4	3.7	0.1	0.1	30	5.6	8.0	1.2	1.5
8	1.6	3.9	0.1	0.2	32	6.3	8.5	1.4	1.8
10	1.7	4.2	0.2	0.2	34	7.2	9.2	1.6	2.1
12	1.7	4.4	0.2	0.3	36	8.2	10.0	1.8	2.4
14	2.2	4.7	0.3	0.4	38	9.4	10.8	2.1	2.8
16	2.4	5.0	0.4	0.5	40	10.8	12.8	2.5	3.3
18	2.7	5.3	0.4	0.6	42	11.7	12.8	2.9	3.8
20	3.1	5.6	0.5	0.7	44	14.5	14.0	3.4	4.5
22	3.4	6.0	0.6	0.8	42	15.6	14.6	3.7	4.9

（2）偏心荷载作用下地基的临界荷载计算公式：

$$P_{\frac{1}{3}} = \frac{\pi\left(\gamma d + \dfrac{1}{3}\gamma d + c \cdot cot\varphi\right)}{cot\varphi - \dfrac{\pi}{2} + \varphi} + \gamma d = N_{\frac{1}{3}}\gamma d + N_d\gamma d + N_c c$$

式中：$N_{\frac{1}{3}}$——承载力系数，据基底下 φ 值，按式（8-12）计算，或查表 8-1 确定。

$$N_{\frac{1}{3}} = \frac{\pi}{3\left(cot\varphi + \varphi - \dfrac{1}{2}\right)} \tag{8-12}$$

3. 地基的极限荷载

1）定义

地基的极限荷载是指地基即将失去稳定性，土体将要从基底被挤出时，作用于地基上的外荷载。当作用在地基上的荷载较小时，地基处于压密状态。随着荷载的增大，地基中产生局部剪切破坏的塑性区也越大。当荷载达极限值时，地基中的塑性区已发展为连续贯通的滑动面，使地基丧失整体稳定而滑动破坏。如图 8-10 所示，在现场荷载试验得到的 P-S 曲线上，相当于第二阶段与第三阶段交界处 b 点所对应的荷载 P_u，称为地基的极限荷载。

2）极限荷载计算公式

世界各国计算极限荷载的公式很多，但目前尚无公认的完美公式，大多限于条形荷载和均质地基。其主要区别是对地基破坏时的滑裂面形式作了不同的假定，使得计算结果很不一致，不能完全符合地基的实际状况。所以，应用每种计算公式时，一定要注意它的适用范围。一般最常用的极限荷载计算公式有下述几种：太沙基公式（适用于条形基础、方形基础和圆形基础）；斯凯普顿公式（适用于饱和软土地基，内摩擦角 $\varphi = 0$ 的浅基础）；汉森公式（适用于倾斜荷载的情况）。

（1）太沙基（K. Terzaghi）公式 太沙基假定基础是条形基础，受均布荷载作用，且基础底面是粗糙的。当地基发生滑动时，滑动面的形状，两端为直线，中间为曲线，左右对称，如图8-8所示。滑动土体分为三区：Ⅰ区——是位于基础底面下的土楔 $a'ba$。由于土体与基础粗糙的底面之间存在很大的摩擦阻力作用，此区的土体不发生剪切位移，处于弹性压密状态。滑动面 $\overline{ab}$ 与基础底面 $\overline{aa'}$ 之间的夹角，为土的内摩擦角 φ；Ⅱ区——对称位于Ⅰ区左右下方，其滑动面为对数螺旋线 bc 或 bd。Ⅰ区正中底部 b 点处对数螺旋线方向为竖向，c 点处对数螺旋线的切线方向与水平线夹角为 $45° - \dfrac{\varphi}{2}$；Ⅲ区——对称位于Ⅱ区左右，呈等腰三角形，其滑动面为斜面 ce 或 df，该斜面与水平地面的夹角也为 $45° - \dfrac{\varphi}{2}$。

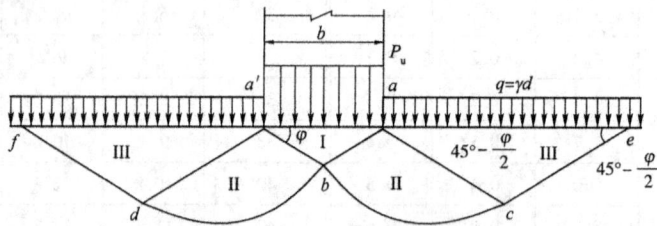

图 8-8　太沙基公式地基滑动面

太沙基认为在均匀分布的极限荷载 P_u 作用下，地基处于极限平衡状态时，作用于在Ⅰ区土楔上的诸力包括：土楔 aba' 顶面的极限荷载 P_u；土楔 aba' 的自重力；土楔斜面 $\overline{ab}$ 上作用的黏聚力 c 的竖向分力和Ⅱ区、Ⅲ区土体滑动时，对斜面 $\overline{ab}$ 的被动土压力的竖向分力。太沙基根据作用于Ⅰ区土楔上的诸力在竖直方向的静力平衡条件，求得极限荷载 P_u 公式：

$$P_u = \frac{1}{2}\gamma b N_r + c N_c + \gamma d N_q \tag{8-13}$$

式中：N_r、N_c、N_q——承载力系数，仅与地基土的内摩擦角 φ 值有关，可查专用的承载力系数图 8-9 中的曲线（实线）确定；

其余符号意义同前。

公式（8-13）适用的条件是：地基土较密实且地基土产生完全剪切整体滑动破坏，即荷载试验结果 P-S 曲线上有明显的第二拐点的情况,如图 8-10 中曲线①所示。如果地基土松软,荷载试验结果 P-S 曲线上就没有明显的拐点,如图 8-10 中曲线②所示,太沙基称这类情况为局部剪损,此时极限荷载按下式计算:

$$P_u = \frac{1}{2}\gamma dN'_r + \frac{2}{3}cN'_c + \gamma dN'_q \tag{8-14}$$

式中:N'_r、N'_c、N'_q——局部剪损时的承载力系数,也仅与地基土的内摩擦角 φ 值有关,可查专用的承载力系数图 8-9 中的曲线(虚线)确定。

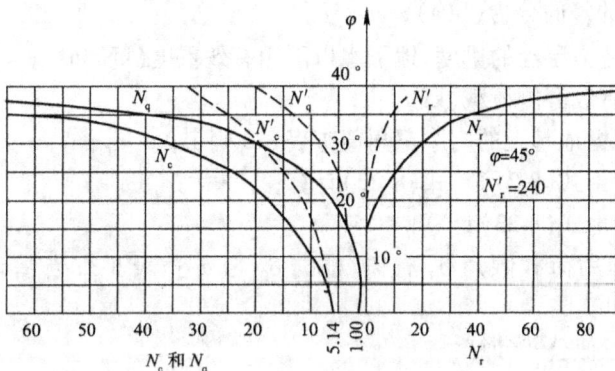

图 8-9 太沙基公式的承载力系数　　　图 8-10 P-S 曲线两种类型

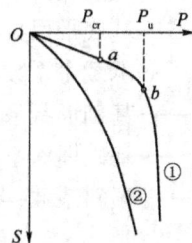

太沙基的极限荷载公式(8-13)和式(8-14),都是由条形基础推导得来的。对于方形基础和圆形基础,太沙基对极限荷载公式中的数字作了适当的修改,提出了半经验公式。

方形基础:

$$P_u = 0.4\gamma b_0 N_r + 1.2cN_c + \gamma dN_q \tag{8-15}$$

式中:b_0——方形基础的边长。

圆形基础:

$$P_u = 0.3\gamma b_0 N_r + 1.2cN_c + \gamma dN_q \tag{8-16}$$

式中:b_0——圆形基础的直径。

用上述太沙基极限荷载公式计算地基容许承载力时,其安全系数 K 应取 3.0,即地基的容许承载力为:

$$f = \frac{P_u}{K} \tag{8-17}$$

(2)斯凯普顿(Skempton)公式　太沙基公式中的承载力系数 N_r、N_c、N_q 都是 φ 的函数,斯凯普顿专门研究了 $\varphi = 0$ 的饱和软土地基和浅基础(基础埋深与宽度的比值 $\frac{d}{b} \leqslant 2.5$),并考虑基础的宽度与长度的比值 $\frac{b}{l}$ 的影响,提出了极限荷载的半经验公式:

$$P_u = 5c\left(1 + 0.2\frac{l}{b}\right)\left(1 + 0.2\frac{d}{b}\right) + \gamma d \tag{8-18}$$

式中:c——地基土的黏聚力,取基础底面以下 0.7b 深度范围内的平均值(kPa);

γ——基础埋深范围内土的天然重度(kN/m³)。

用斯凯普顿极限荷载公式计算地基容许承载力时,其安全系数 K 应取 1.1 ~ 1.5,即地基的容许承载力为:

$$[f] = \frac{P_u}{K} \tag{8-19}$$

（3）汉森（hansen J. B.）公式　太沙基公式和斯凯普顿公式都无法解决倾斜荷载作用时地基容许承载力的计算。汉森公式解决了这类问题，并考虑了基础形状和基础埋深的影响，提出了极限荷载公式为：

$$P_{uv} = \frac{1}{2}\gamma_1 b N_r S_r i_r + c N_c S_c d_c i_c + q N_q S_q d_q i_q \tag{8-20}$$

式中：P_{uv}——地基极限荷载的竖向分力（kPa）；

　　　γ_1——基础底面以下持力层土的重度，地下水以下用有效重度（kN/m³）；

　　　q——基底平面处的有效旁侧荷载（kPa）；

N_r、N_c、N_q——承载力系数，根据地基土的内摩擦角值查表8-2确定；

S_r、S_c、S_q——基础形状系数，由式（8-21）与式（8-22）计算；

　d_c、d_q——基础埋深系数，由式（8-23）计算；

i_r、i_c、i_q——倾斜系数，与作用荷载倾角 δ_0 有关，根据 δ_0 与 φ 查表8-3；当基础中心受压时，$i_r = i_c = i_q = 1$。

基础形状系数可按下列近似公式计算：

$$S_r = 1 - 0.4 \frac{b}{l} \tag{8-21}$$

$$S_c = S_q = 1 + 0.2 \frac{b}{l} \tag{8-22}$$

对条形基础：$S_r = S_c = S_q = 1$。

基础深度系数，按下列近似公式计算：

$$d_c = d_q = 1 + 0.35 \frac{d}{b} \tag{8-23}$$

式中：d——基础埋深，如在埋深范围内存在强度小于持力层的弱土层时，应将此弱土层的厚度扣除。

承载力系数 N_r、N_c、N_q　　　　　　　　表8-2

$\varphi(°)$	N_r	N_c	N_q	$\varphi(°)$	N_r	N_c	N_q
0	0	5.14	1.00	24	6.90	19.33	9.61
2	0.01	5.69	1.20	26	9.53	22.25	11.83
4	0.05	6.17	1.43	28	13.13	25.80	14.71
6	0.14	6.82	1.72	30	18.09	30.15	18.40
8	0.24	7.52	2.06	32	24.95	35.50	23.18
10	0.47	8.35	2.47	34	34.54	42.18	29.45
12	0.76	9.29	2.97	36	48.08	50.16	37.77
14	1.16	10.37	3.58	38	67.43	61.36	48.92
16	1.72	11.62	4.33	40	95.51	75.36	64.23
18	2.49	13.09	5.25	42	136.72	93.69	85.36
20	3.54	14.83	6.40	44	198.77	118.41	115.35
22	4.96	16.89	7.82	45	240.95	133.86	134.86

$\tan\delta_0$	0.1			0.2			0.3			0.4		
$\varphi(°)$ $\diagdown$ i	i_r	i_c	i_q	i_r	i_c	i_q	i_r	i_c	i_q	i_r	i_c	i_q
6	0.643	0.526	0.802									
7	0.689	0.638	0.830									
8	0.707	0.691	0.841									
9	0.719	0.728	0.848									
10	0.724	0.750	0.851									
11	0.728	0.768	0.853									
12	0.729	0.780	0.854	0.396	0.441	0.629						
13	0.729	0.791	0.854	0.426	0.501	0.653						
14	0.731	0.798	0.855	0.444	0.537	0.666						
15	0.731	0.806	0.855	0.456	0.565	0.675						
16	0.729	0.810	0.854	0.462	0.583	0.680						
17	0.728	0.814	0.853	0.466	0.600	0.683	0.202	0.304	0.449			
18	0.726	0.817	0.852	0.469	0.611	0.685	0.234	0.362	0.484			
19	0.724	0.820	0.851	0.471	0.621	0.686	0.250	0.397	0.500			
20	0.721	0.821	0.849	0.472	0.629	0.687	0.261	0.420	0.510			
21	0.719	0.822	0.848	0.471	0.635	0.686	0.267	0.438	0.517	0.100		
22	0.716	0.823	0.846	0.469	0.637	0.685	0.271	0.451	0.521	0.100	0.217	0.317
23	0.712	0.824	0.844	0.468	0.643	0.684	0.275	0.462	0.524	0.122	0.266	0.350
24	0.711	0.824	0.843	0.465	0.645	0.682	0.276	0.470	0.525	0.134	0.291	0.365
25	0.706	0.823	0.840	0.462	0.648	0.680	0.277	0.477	0.526	0.140	0.310	0.374
26	0.702	0.823	0.838	0.460	0.648	0.678	0.276	0.481	0.525	0.145	0.324	0.381
27	0.699	0.823	0.836	0.456	0.649	0.675	0.275	0.485	0.524	0.148	0.334	0.384
28	0.694	0.821	0.833	0.452	0.648	0.672	0.274	0.488	0.523	0.149	0.341	0.386
29	0.691	0.820	0.831	0.448	0.648	0.669	0.273	0.489	0.520	0.150	0.348	0.387
30	0.686	0.819	0.828	0.444	0.646	0.666	0.268	0.490	0.518	0.150	0.352	0.387
31	0.682	0.817	0.826	0.438	0.645	0.662	0.265	0.490	0.515	0.150	0.356	0.387
32	0.676	0.814	0.822	0.434	0.643	0.659	0.262	0.490	0.512	0.148	0.357	0.385
33	0.672	0.813	0.820	0.428	0.640	0.654	0.258	0.489	0.508	0.146	0.358	0.382
34	0.668	0.811	0.817	0.422	0.638	0.650	0.254	0.486	0.504	0.144	0.358	0.380
35	0.663	0.808	0.814	0.417	0.635	0.646	0.250	0.485	0.500	0.142	0.358	0.377
36	0.658	0.806	0.811	0.411	0.631	0.641	0.245	0.482	0.495	0.140	0.357	0.374
37	0.653	0.803	0.808	0.404	0.628	0.636	0.240	0.478	0.491	0.137	0.355	0.370
38	0.646	0.800	0.804	0.398	0.624	0.631	0.235	0.474	0.485	0.133	0.352	0.365
39	0.642	0.797	0.801	0.392	0.619	0.626	0.230	0.470	0.480	0.130	0.349	0.361
40	0.635	0.794	0.797	0.386	0.615	0.621	0.226	0.466	0.475	0.127	0.346	0.356
41	0.629	0.790	0.793	0.377	0.609	0.614	0.219	0.461	0.468	0.123	0.342	0.351
42	0.623	0.787	0.789	0.371	0.605	0.609	0.213	0.456	0.462	0.119	0.337	0.345
43	0.616	0.783	0.785	0.365	0.600	0.604	0.208	0.451	0.456	0.115	0.333	0.339
44	0.610	0.779	0.781	0.356	0.594	0.597	0.202	0.444	0.449	0.111	0.327	0.333
45	0.602	0.775	0.776	0.349	0.588	0.591	0.195	0.438	0.442	0.107	0.322	0.327

汉森公式对地基滑动面的最大深度 Z_{max},按下式估算:

$$Z_{max} = \lambda b$$

式中:λ——系数,与荷载倾斜角有关,可查表8-4。

$\varphi(°)$ ＼ $\tan\delta_0$	≤20°	21°~35°	36°~45°
≤20	0.6	1.2	2.0
21~30	0.4	0.9	1.6
31~40	0.2	0.6	1.2

当地基土在滑动面范围内由多个土层组成时,若各土层的抗剪强度相差不太悬殊,则可按土层厚度计算加权平均重度与加权平均抗剪强度指标值,然后用汉森公式计算地基极限荷载。

$$\gamma_p = \frac{\sum\limits_{i=1}^{n} h_i \gamma_i}{\sum\limits_{i=1}^{n} h_i} \tag{8-24}$$

$$c_p = \frac{\sum\limits_{i=1}^{n} h_i c_i}{\sum\limits_{i=1}^{n} h_i} \tag{8-25}$$

$$\varphi_p = \frac{\sum\limits_{i=1}^{n} h_i \varphi_i}{\sum\limits_{i=1}^{n} h_i} \tag{8-26}$$

式中:γ_p——加权平均重度(kN/m^3);

c_p——加权平均黏聚力(kPa);

φ_p——加权平均内摩擦角(°);

h_i——第 i 层土的厚度(m);

γ_i——第 i 层土的重度(kN/m^3);

c_i——第 i 层土的黏聚力(kPa);

φ_i——第 i 层土的内摩擦角(°)。

用汉森极限荷载公式计算地基容许承载力时,其安全系数为 K,则地基的容许承载力为:

$$[f] = \frac{P_u}{K} \tag{8-27}$$

[例题 8-3] 某条形基础承受中心荷载,其底面宽 $b = 2m$,埋置深度 $d = 1m$,地基土的重度 $\gamma = 20kN/m^3$,内摩擦角 $\varphi = 20°$,黏聚力 $c = 30kPa$,试用理论公式确定地基容许承载力。

解:(1)计算地基的临塑荷载 P_{cr}。

由已知内摩擦角 $\varphi = 20°$,查表8-1可得:$N_d = 3.1$,$N_c = 5.6$,则

$$P_{cr} = N_d \gamma d + N_c c = 3.1 \times 20 \times 1 + 5.6 \times 30 = 230(kPa)$$

(2)计算地基的临界荷载。

由已知内摩擦角 $\varphi = 20°$,查表8-1可得:$N_d = 3.1$,$N_c = 5.6$,$N_{\frac{1}{4}} = 0.5$(受中心荷载),则

$$P_{\frac{1}{4}} = N_{\frac{1}{4}} \gamma b + N_d \gamma d + N_c c = 0.5 \times 20 \times 2 + 230 = 250(kPa)$$

(3)计算地基的极限荷载。

由已知内摩擦角 $\varphi = 20°$，查图8-9可得：$N_r = 4$，$N_c = 17.5$，$N_q = 7$，按太沙基公式：

$$P_u = \frac{1}{2}\gamma b N_r + c N_c + \gamma d N_q = \frac{1}{2} \times 20 \times 2 \times 4 + 30 \times 17.5 + 20 \times 1 \times 7 = 745 (\text{kPa})$$

用太沙基极限荷载公式计算地基容许承载力时，其安全系数 K 应取3.0，即地基的容许承载力为：

$$[f] = \frac{P_u}{K} = \frac{745}{3} = 248.3 (\text{kPa})$$

二、按规范方法确定地基承载力容许值

现行《公路桥涵地基与基础设计规范》(JTG D63—2007)根据大量的地基荷载试验资料和已建成桥梁的使用经验，经过统计分析，给出了各类土的地基承载力基本容许值表及修正计算公式。由于按规范确定地基承载力容许值比较简便和准确，所以该方法广泛应用于公路一般的桥涵基础设计。但应指出，由于我国地域广阔，土质情况比较复杂，制定规范时所收集的资料其代表性有很大局限性。因此，有些地区的特殊土类和性质比较复杂的土类在规范中均未列入，此时就应按规范要求，参照各地区的经验或相应的标准确定。按规范确定地基承载力容许值的方法是，先根据地基土的类别和物理性质，从相应的表格中找出其相应的地基承载力基本容许值，然后再按修正计算公式算出修正后的地基承载力容许值。

从上节讨论临界荷载及极限荷载的计算过程知道，地基承载力容许值是和土的性质、基础宽度和基础埋置深度三方面因素有关。因此，规范中所给出的地基承载力基本容许值表及修正计算公式也应该与这三方面的因素有关。规范中的地基承载力基本容许值表只给出了当设计的基础宽度 $b \leq 2m$，埋置深度 $\leq 3m$ 时的地基承载力基本容许值，用 $[f_{a0}]$ 表示。当设计的基础宽度和埋置深度符合上述条件时，地基承载力基本容许值就可以根据土的物理力学性质指标直接查表选用；若设计的基础宽度或埋置深度超过上述范围时，则地基承载力容许值将在 $[f_{a0}]$ 的基础上，按规范给出的修正计算公式予以修正提高。该修正计算公式为：

$$[f_a] = [f_{a0}] + k_1 \gamma_1 (b - 2) + k_2 \gamma_2 (h - 3) \tag{8-28}$$

式中：$[f_a]$——修正后的地基承载力容许值(kPa)；

$[f_{a0}]$——查规范得到的地基承载力基本容许值(kPa)，见表8-5 ~ 表8-10；

b——基础底面的最小边宽，当 $b < 2m$ 时，按 $b = 2m$ 计算，当 $b > 10m$ 时，按 $b = 10m$ 计算；

h——基底的埋置深度(m)，自天然地面起算，有水流冲刷时自一般冲刷线算起，当 $h < 3m$ 时，取 $h = 3m$，当 $h/b > 4$ 时，取 $h = 4b$；

γ_1——基底持力层土的天然重度(kN/m³)，如持力层在水面以下且为透水者，应采用浮重度；

γ_2——基底以上土层的加权平均重度(kN/m³)，换算时若持力层在水面以下，且不透水时，不论基底以上土的透水性如何，一律取饱和重度，当透水时，水中部分土层则应取浮重度；

k_1、k_2——基底宽度、深度修正系数，根据基底持力层土的类别按表8-11确定。

<h2 style="text-align:center">一般黏性土地基承载力基本容许值[f_{a0}]</h2>

表 8-5

$[f_{a0}]$(kPa) \\ I_L \\ e	0	0.1	0.2	0.3	0.4	0.5	0.6	0.7	0.8	0.9	1.0	1.1	1.2
0.5	450	440	430	420	400	380	350	310	270	240	220	—	—
0.6	420	410	400	380	360	340	310	280	250	220	200	180	—
0.7	400	370	350	330	310	290	270	240	220	190	170	160	150
0.8	380	330	300	280	260	240	230	210	180	160	150	140	130
0.9	320	280	260	240	220	210	190	180	160	140	130	120	100
1.0	250	230	220	210	190	170	160	150	140	120	110	—	—
1.1	—	—	160	150	140	130	120	110	100	90	—	—	—

注:1. 土中含有粒径大于 2mm 的颗粒质量超过全部质量 30% 以上者,$[f_{a0}]$值可适当提高。

2. 当 $e<0.5$ 时取 $e=0.5$;$I_L<0$ 取 $I_L=0$。此外超过表列范围的一般黏性土,$[f_{a0}]=57.22E_S^{0.57}$。

<h2 style="text-align:center">老黏性土地基承载力基本容许值[f_{a0}]</h2>

表 8-6

E_S(MPa)	10	15	20	25	30	35	40
$[f_{a0}]$(MPa)	380	430	470	510	550	580	620

注:当老黏性土 $E_S<10$MPa 时,承载力基本容许值$[f_{a0}]$按一般黏性土确定。

<h2 style="text-align:center">新近沉积黏性土地基承载力基本容许值[f_{a0}]</h2>

表 8-7

$[f_{a0}]$(kPa) \\ I_L \\ e	<0.25	0.75	1.25
≤0.8	140	120	100
0.9	130	110	90
1.0	120	100	80
1.1	110	90	—

<h2 style="text-align:center">砂土地基承载力基本容许值[f_{a0}]</h2>

表 8-8

$[f_{a0}]$(kPa) 密实度 \\ 土名及水位情况		密实	中密	稍密	松散
砾砂、粗砂	与湿度无关	550	430	370	200
中砂	与湿度无关	450	370	330	150
细砂	水上	350	270	230	100
	水下	300	210	190	—
粉砂	水上	300	210	190	—
	水下	200	110	90	—

碎石土地基承载力基本容许值[f_{a0}] 表 8-9

$[f_{a0}]$(kPa) 土名	密实	中密	稍密	松散	$[f_{a0}]$(kPa) 土名	密实	中密	稍密	松散
卵石	1 200 ~ 1 000	1 000 ~ 650	650 ~ 500	500 ~ 300	圆砾	800 ~ 600	600 ~ 400	400 ~ 300	300 ~ 200
碎石	1 000 ~ 800	800 ~ 550	550 ~ 400	400 ~ 200	角砾	700 ~ 500	500 ~ 400	400 ~ 300	300 ~ 200

注:1. 由硬质岩组成,充填砂土者取高值,由软质岩组成,充填黏土者取低值。

2. 半胶结的碎石土,可按密实的同类土提高 10% ~ 20%。

3. 松散的碎石土在天然河床中很少见,须特别注意鉴定。

4. 漂石、块石可参照卵石、碎石适当提高。

岩石地基承载力基本容许值[f_{a0}] 表 8-10

$[f_{a0}]$(kPa) 坚硬程度	节理不发育	节理发育	节理很发育
坚硬岩、较硬岩	>3 000	3 000 ~ 2 000	2 000 ~ 1 500
较软岩	3 000 ~ 1 500	1 500 ~ 1 000	1 000 ~ 800
软岩	1 200 ~ 1 000	1 000 ~ 800	800 ~ 500
极软岩	500 ~ 400	400 ~ 300	300 ~ 200

公式(8-28)中的第二项和第三项分别表示基础宽度和深度修正后的地基承载力容许值的提高。应该指出,确定地基承载力容许值时,不仅要考虑地基强度,还要考虑基础沉降的影响。因此在表 8-11 中黏性土的宽度修正系数 k_1 均等于零,这是因为黏性土在外荷载作用下,后期沉降量较大,基础越宽,沉降量也越大,这对桥涵的正常运营很不利,故除在制定基本承载力时已经考虑基础平均宽度的影响外,一般不再作宽度修正。而砂土等粗颗粒土,其后期沉降量较小,对运营影响不大,故可作宽度修正提高。此外,在进行宽度修正时还规定,若基础宽度 $b > 10$m 时,只能按 $b = 10$m 计算修正,这是因为 b 越大,基础沉降也越大,故须对宽度修正作一定的经验性限制。

地基土承载力宽度、深度修正系数 k_1、k_2 表 8-11

土的类别 系数	黏性土				粉土	砂 土								碎石土			
	老黏性土	一般黏性土		新近沉积黏性土	一	粉砂		细砂		中砂		砂砾、粗砂		碎石、圆砂、角砂		卵石	
		I_L > 0.5	I_L < 0.5			中密	密实	中密	密实	中密	密实	中密	密实	中密	密实	中密	密实
k_1	0	0	0	0	0	1.0	1.2	1.5	2.0	2.0	3.0	3.0	4.0	3.0	4.0	3.0	4.0
k_2	2.5	1.5	2.5	1.0	1.5	2.0	2.5	3.0	4.0	4.0	5.5	5.0	6.0	5.0	6.0	6.0	10.0

注:1. 对于稍密和松散状态的砂、碎石土,k_1、k_2 值可采用表列中密值的 50%。

2. 强风化和全风化的岩石,可参照所风化成的相应土类取值,其他状态下的岩石不修正。

在进行深度修正时,规定只有在基础相对埋深 $\frac{h}{b} \leqslant 4$ 时才能修正。这是因为上述的修正公式(8-28)是按照浅基础概念制定的,当 $\frac{h}{b} > 4$ 时,已经属于深基础范畴,故不能按公式(8-28)修正,需另行考虑。

规范还指出,地基承载力容许值 $[f_a]$ 应根据地基受荷阶段及受荷情况乘取以规定的抗力系数 γ_R,见表8-12。

地基承载力容许值提高系数 表8-12

受荷阶段			受荷情况	γ_R
使用阶段	①		地基承受作用短期效应组合或作用效应应偶然组合	1.25
			$[f_a] < 150\text{kPa}$	1.0
	②		地基承受的作用短期效应组合仅包括结构自重、预加力、土的重力、土侧压力、汽车和人群效应	1.0
	③		基础建于经多年压实未遭破坏的旧桥基上(岩石旧桥基除外)	1.5
			$[f_a] < 150\text{kPa}$	1.25
	④		基础建于岩石旧桥基上	1.0
施工阶段	①		地基在施工载荷作用下	1.25
	②		墩台施工期间承受单向推力	1.5

项目三

土压力的计算

土建工程中许多构筑物如挡土墙、隧道和基坑围护结构等挡土结构起着支撑土体、保持土体稳定、使之不致坍塌的作用;而另一些构筑物如桥台等,则受到土体的支撑,土体起着提供反力的作用。在这些构筑物与土体的接触面处均存在侧向压力的作用,这种侧向压力就是土压力。

一、土压力的分类

作用在挡土墙上的土压力,按挡土墙的位移方向、大小及墙后土体所处的状态,可分为三种,即静止土压力、主动土压力和被动土压力。

比较经典的土压力计算方法有郎金土压力与库伦土压力理论。其中郎金土压力计算采用土的强度理论,根据极限平衡条件求解;库伦土压力是根据静力平衡条件来求解。本项目主要介绍郎金土压力理论和库伦土压力理论。

1. 静止土压力

如果挡土墙在土压力作用下,墙本身不发生变形和任何位移(移动或转动),墙后土体处于弹性平衡状态[图8-11a)],则这时作用在挡土墙上的土压力称为静止土压力。以 E_0 表示静止土压力。

在土体内深度为 z 处的静止土压力强度,可按下式计算:

$$p_0 = k_0 \gamma z \tag{8-29}$$

式中:p_0——静止土压力强度(kPa);

$\quad k_0$——静止土压力系数,$k_0 = \dfrac{\mu}{1-\mu}$;

$\quad \mu$——泊松比;

$\quad \gamma$——土体重度(kN/m³);

$\quad z$——计算静止土压力的点的深度(m)。

静止土压力强度呈三角形分布。作用在单位墙长上的静止土压力可以由土压力分布图形的面积确定,静止土压力 E_0 的作用点距墙底 $\dfrac{1}{3}h$,参见图 8-11a)。

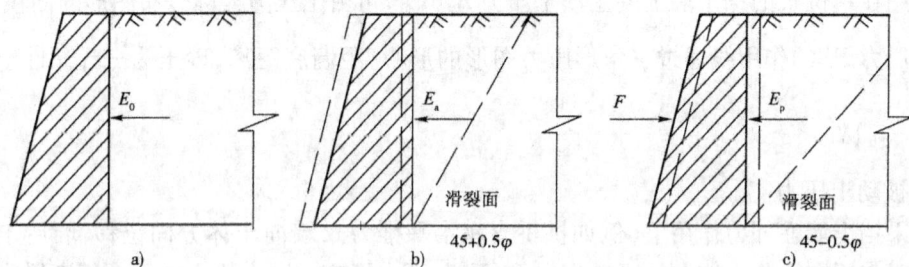

图 8-11 土压力分类

2. 郎金土压力理论

1)主动土压力

关于主动土压力计算,英国科学家假定挡土墙背竖直、光滑,其后土体表面水平,并无限延伸。现考察挡土墙后土体表面下 z 深处的微分土体的应力状态[图 8-11b)]。设挡土墙在土压力作用下,离开土体方向向前逐渐位移。这时,作用在微分土体上的竖向应力 γz 保持不变,而水平应力逐渐减小。如墙继续位移,墙后土体就处于极限平衡状态。这时,作用在微分土体上的最大主应力 σ_1 仍为 γz,而最小主应力 σ_3 则为作用在挡土墙上的主动土压力强度。

根据土的极限平衡条件式(8-4)和式(8-5),作用在挡土墙上的主动土压力强度为:

砂土:

$$p_a = \gamma z \cdot \tan^2 \left(45° - \frac{\varphi}{2} \right) = \gamma z k_a \tag{8-30}$$

黏性土与粉土:

$$p_a = \gamma z \cdot \tan^2 \left(45° - \frac{\varphi}{2} \right) - 2c \times \tan \left(45° - \frac{\varphi}{2} \right) = \gamma z k_a - 2c \sqrt{k_a} \tag{8-31}$$

式中:p_a——主动土压力强度(kN/m²);

$\quad \gamma$——土体的重度(kN/m³);

$\quad z$——计算主动土压力强度的点至土体表面的距离(m);

$\quad k_a$——主动土压力系数,$k_a = \tan^2 \left(45° - \dfrac{\varphi}{2} \right)$;

$\quad \varphi$——土的内摩擦角(°);

$\quad c$——土的黏聚力(kN/m²)。

发生主动土压力时的滑裂面与水平面的夹角为 $45° + \dfrac{\varphi}{2}$[图 8-11b)]。

由式(8-30)可知,砂土主动土压力强度 p_a 与深度 z 成正比,沿墙高的压力分布呈三角形,参见图8-12a)。

由式(8-31)可知,黏性土与粉土的土压力强度由两部分组成:一部分是由土自重引起的土压力强度 $\gamma z k_a$;另一部分是由黏聚力 c 引起的负侧压力强度 $-2c\sqrt{k_a}$。两部分叠加后的土压力强度分布如图8-12b)所示。其中用虚线表示的部分 ade 为负的土压力,即对墙背产生拉力。实际上,墙背与土体之间并不能承受拉力,应把它略去不计,故黏性土与粉土的主动土压力强度分布图应为绘有实线箭头的三角形部分 abc。由土体表面至 a 点的距离 z_0,可令式(8-31)中 $p_a=0$ 求得:

$$z_0 = \frac{2c}{\gamma\sqrt{k_a}} \tag{8-32}$$

作用在单位长的挡土墙上的主动土压力 $E_a(\mathrm{kN})$ 可由土压力实际分布图形的面积确定。主动土压力 E_a 的作用线通过三角形压力图形的形心,距墙底距离,砂土为 $\frac{1}{3}z$,黏性土和粉土为 $\frac{1}{3}(z-z_0)$ 处。

2)被动土压力

如果挡土墙在外力作用下(例如拱桥支座水平推力),墙向土体方向位移,墙后土体被压缩。这时作用在微分土体上的竖向应力 γz 不变,而水平应力则由静止土压力逐渐增大。如墙继续位移并达到某一数值时,则墙后土体就处于极限平衡状态[图8-13a)]。这时,作用在微分土体上的 γz 变为最小主应力 σ_3,而水平应力则为最大主应力 σ_1,也就是作用在挡土墙上的被动土压力。

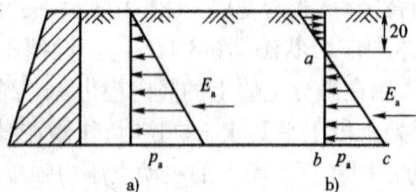

图8-12 主动土压力强度分布图
a)砂土;b)黏性土

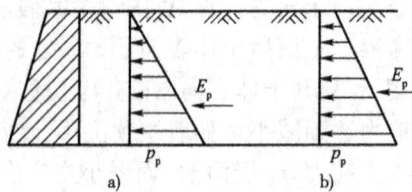

图8-13 被动土压力强度分布图
a)砂土;b)黏性土

根据土的极限平衡条件式(8-4)和式(8-5),作用在挡土墙上的被动土压力强度为:

无黏性土:

$$p_p = \gamma z \tan^2\left(45° + \frac{\varphi}{2}\right) = \gamma z k_p \tag{8-33}$$

黏性土与粉土:

$$p_p = \gamma z \tan^2\left(45° + \frac{\varphi}{2}\right) + 2c\tan\left(45° + \frac{\varphi}{2}\right) = \gamma z k_p + 2c\sqrt{k_p} \tag{8-34}$$

式中:p_p——被动土压力强度(kPa);

k_p——被动土压力系数,$k_p = \tan^2\left(45° + \frac{\varphi}{2}\right)$;

其余符号意义同前。

发生被动土压力时的滑裂面与水平面的夹角为 $45° - \frac{\varphi}{2}$。

由式(8-33)、式(8-34)可知,无黏性土被动土压力强度分布呈三角形,而黏性土与粉土的被动土压力强度分布为梯形,参见图8-13 b)。

作用在单位墙长上的被动土压力 $E_p(kN)$,可由土压力分布图形的面积确定。被动土压力 E_p 作用线通过土压力强度分布图的形心。

由上面的分析可见,在墙高、土体物理力学性质指标相同条件下,主动土压力最小,被动土压力最大,静止土压力居中,即:

$$E_a < E_0 < E_p$$

二、库伦土压力理论

1. 基本原理

库伦(C. A. Coulomb)在1776年提出的土压力理论,由于其计算原理比较简明,适应性较广,因此,至今仍得到广泛应用。

库伦土压力理论假定挡土墙墙后的填土是均匀的砂性土,当墙背离土体移动或推向土体时,墙后土体即达到极限平衡状态,其滑动面是通过墙脚 B 的二组平面(图8-14),一个是沿墙背的 AB 面,另一个是产生在土体中的 BC 面。假定滑动土楔 ABC 是刚体,根据土楔 ABC 的静力平衡条件,按平面问题解得作用在挡土墙的土压力。因此,也有把库伦土压力理论称为滑楔土压力理论。

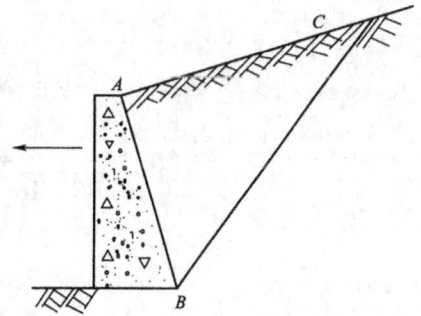

2. 主动土压力计算

如图8-15所示挡土墙,已知墙背 AB 倾斜,与竖直线

图8-14 库伦土压力理论

的夹角为 ε;填土表面 AC 是一平面,与水平面的夹角为 β。当挡土墙在填土压力作用下离开填土向外移动,当墙后土体达到极限平衡状态时(主动状态),土体中产生两个通过墙脚 B 的滑动面 AB 及 BC。若滑动面 BC 与水平面间夹角为 α,取单位长度挡土墙,把滑动土楔 ABC 作为脱离体,考虑其静力平衡条件,作用在滑动土楔 ABC 上的作用力有:

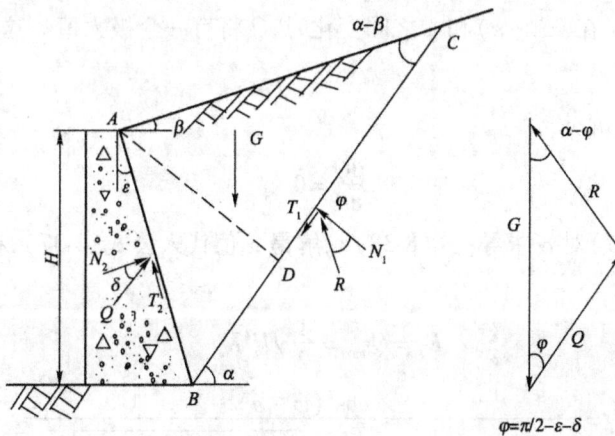

图8-15 库伦主动土压力计算

(1)楔 ABC 的重力 G。若 α 值已知,则 G 的大小、方向及作用点位置均已知。

(2)土体作用在滑动面 BC 上的反力 R。R 是 BC 面上摩擦力 T_1 与法向反力 N_1 的合力,它与 BC 面的法线间的夹角等于土的内摩擦角 φ。由于滑动土楔 ABC 相对于滑动面 BC 右边

的土体是向下移动,故摩擦力 T_1 的方向向上,R 的作用方向已知,大小未知。

(3)挡土墙对土楔的作用力 Q。它与墙背法线间的夹角等于墙背与填土间的摩擦角 δ。同样,由于滑动土楔 ABC 相对于墙背是向下滑动,故墙背在 AB 面产生的摩擦力 T_2 的方向向上。Q 的作用方向已知,大小未知。

考虑滑动土楔 ABC 的静力平衡条件,绘出 G、R 与 Q 的力三角形,如图 8-15 所示。由正弦定律得:

$$\frac{G}{\sin[\pi-(\psi+\alpha-\varphi)]}=\frac{Q}{\sin(\alpha-\varphi)} \tag{8-35}$$

式中:$\psi=\dfrac{\pi}{2}-\varepsilon-\delta$;

其他符号意义见图 8-15。

由图 8-15 可知:

$$G=\frac{1}{2}\cdot\overline{AD}\cdot\overline{BC}\cdot\gamma \tag{8-36}$$

$$\overline{AD}=\overline{AB}\cdot\sin\left(\frac{\pi}{2}+\varepsilon-\alpha\right)=H\frac{\cos(\varepsilon-\alpha)}{\cos\varepsilon}$$

$$\overline{BC}=\overline{AB}\frac{\sin\left(\frac{\pi}{2}+\beta-\varepsilon\right)}{\sin(\alpha-\beta)}=H\frac{\cos(\beta-\varepsilon)}{\cos\cdot\sin(\alpha-\beta)}$$

$$\therefore\quad G=\frac{1}{2}\gamma H^2\frac{\cos(\varepsilon-\alpha)\cos(\beta-\varepsilon)}{\cos^2\varepsilon\cdot\sin(\alpha-\beta)}$$

将 G 代入公式(8-35)得:

$$Q=\frac{1}{2}\gamma H^2\left[\frac{\cos(\varepsilon-\alpha)\cos(\beta-\varepsilon)\sin(\alpha-\varphi)}{\cos^2\varepsilon\cdot\sin(\alpha-\beta)\cos(\alpha-\varphi-\varepsilon-\delta)}\right] \tag{8-37}$$

式中:γ、H、ε、β、δ、φ 均为常数。

Q 随滑动面 BC 的倾角 α 而变化。当 $\alpha=\dfrac{\pi}{2}+\varepsilon$ 时,$G=0$,则 $Q=0$;当 $\alpha=\varphi$ 时,R 与 Q 重合,则 $Q=0$;因此,当 α 在 $\left(\dfrac{\pi}{2}+\varepsilon\right)$ 和 α 之间变化时,Q 将有一个极大值。这个极大值 Q_{max} 即所求的主动土压力 E_a。

要计算 Q_{max} 值时,可令:

$$\frac{\mathrm{d}Q}{\mathrm{d}\alpha}=0 \tag{8-38}$$

因此,可将式(8-37)对 α 求导[式(8-38)],解得 α 值代入公式(8-37),得库伦主动土压力计算公式:

$$E_a=Q_{max}=\frac{1}{2}\gamma H^2 K_a \tag{8-39}$$

式中:

$$K_a=\frac{\cos^2(\varphi-\varepsilon)}{\cos^2\varepsilon\cdot\cos(\delta+\varepsilon)\left[1+\sqrt{\dfrac{\sin(\delta+\varepsilon)\sin(\varphi-\beta)}{\cos(\delta+\varepsilon)\cos(\varepsilon-\beta)}}\right]^2} \tag{8-40}$$

γ、φ——墙后填土的重度及内摩擦角;

H——挡土墙的高度;

ε——墙背与竖直线间夹角,墙背俯斜时为正,反之,为负值;

δ——墙背与填土间的摩擦角；

β——填土面与水平面间的倾角；

K_a——主动土压力系数，它是 φ、δ、ε、β 的函数，当 $\beta=0$ 时，K_a 值可由表 8-13 查得。

主动土压力系数 K_a 表（$\beta=0$ 时） 表 8-13

墙背倾斜情况			$\delta(°)$	填土与墙背摩擦角 $\delta(°)$	主动土压力系数 K_a 土的内摩擦角 $\varphi(°)$					
					20	25	30	35	40	45
仰斜			-15	$\frac{1}{2}\varphi$	0.357	0.274	0.208	0.156	0.114	0.081
				$\frac{2}{3}\varphi$	0.346	0.266	0.202	0.153	0.112	0.079
			-10	$\frac{1}{2}\varphi$	0.385	0.303	0.237	0.184	0.139	0.104
				$\frac{2}{3}\varphi$	0.375	0.295	0.232	0.180	0.139	0.104
			-5	$\frac{1}{2}\varphi$	0.415	0.334	0.268	0.214	0.168	0.131
				$\frac{2}{3}\varphi$	0.406	0.327	0.263	0.211	0.168	0.131
竖直			0	$\frac{1}{2}\varphi$	0.447	0.367	0.301	0.246	0.199	0.160
				$\frac{2}{3}\varphi$	0.438	0.361	0.297	0.244	0.200	0.162
俯斜			$+5$	$\frac{1}{2}\varphi$	0.432	0.404	0.338	0.282	0.234	0.193
				$\frac{2}{3}\varphi$	0.450	0.398	0.335	0.282	0.236	0.197
			$+10$	$\frac{1}{2}\varphi$	0.520	0.444	0.378	0.322	0.273	0.230
				$\frac{2}{3}\varphi$	0.514	0.439	0.377	0.323	0.277	0.237
			$+15$	$\frac{1}{2}\varphi$	0.564	0.489	0.424	0.368	0.318	0.274
				$\frac{2}{3}\varphi$	0.550	0.488	0.425	0.371	0.325	0.284
			$+20$	$\frac{1}{2}\varphi$	0.615	0.541	0.476	0.463	0.370	0.325
				$\frac{2}{3}\varphi$	0.611	0.540	0.479	0.474	0.381	0.340

若填土面水平,墙背竖直,以及墙背光滑时,即 $\beta=0$、$\varepsilon=0$ 及 $\delta=0$ 时,由式(8-40)可得:

$$K_a = \frac{\cos^2\varphi}{(1+\sin\varphi)^2} = \frac{1-\sin^2\varphi}{(1+\sin\varphi)^2} = \frac{1-\sin\varphi}{1+\sin\varphi} = \tan^2\left(45°-\frac{\varphi}{2}\right) = m^2$$

故得:

$$E_a = \frac{1}{2}\gamma H^2 m^2$$

此式与填土为砂性土的朗金主动土压力公式相同。由此可见,在特定条件下,两种土压力理论得到的结果是相同的。

如图 8-15 所示,为了计算滑动土楔(也称破坏棱体)的长度(即 AC 长),须求得最危险滑动面 BC 的倾角 α 值。若填土表面 AC 是水平面,即 $\beta=0$ 时,在式(8-38)的条件下,可得 α 的计算公式如下:

墙背俯斜时(即 $\varepsilon>0$):

$$\cot\alpha = -\tan(\varphi+\delta+\varepsilon) + \sqrt{\left[\cot\varphi+\tan(\varphi+\delta+\varepsilon)\right]\left[\tan(\varphi+\delta+\varepsilon)-\tan\varepsilon\right]} \quad (8\text{-}41)$$

墙背仰斜时(即 $\varepsilon<0$):

$$\cot\alpha = -\tan(\varphi+\delta-\varepsilon) + \sqrt{\left[\cot\varphi+\tan(\varphi+\delta-\varepsilon)\right]\left[\tan(\varphi+\delta-\varepsilon)+\tan\varepsilon\right]} \quad (8\text{-}42)$$

墙背竖直时(即 $\varepsilon=0$):

$$\cot\alpha = -\tan(\varphi+\delta) + \sqrt{\tan(\varphi+\delta)\left[\cot\varphi+\tan(\varphi+\delta)\right]} \quad (8\text{-}43)$$

由公式(8-39)可以看到,主动土压力 E_a 是墙高 H 的二次函数,故主动土压力强度 p_a 是沿墙高按直线规律分布的,如图 8-16 所示。合力 E_a 的作用方向与墙背法线成 δ 角,与水平面成 θ 角,其作用点在墙高的 $\frac{1}{3}$ 处。

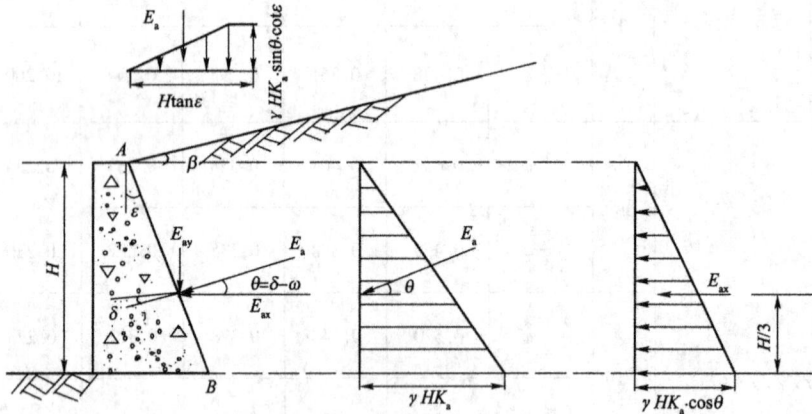

图 8-16 主动土压力的分布

作用在墙背上的主动土压力 E_a 可以分解为水平分力 E_{ax} 和竖向分力 E_{ay}:

$$E_{ax} = E_a\cos\theta = \frac{1}{2}\gamma H^2 K_a\cos\theta \quad (8\text{-}44)$$

$$E_{ay} = E_a\sin\theta = \frac{1}{2}\gamma H^2 K_a\sin\theta \quad (8\text{-}45)$$

式中: θ —— E_a 与水平面的夹角, $\theta=\delta+\varepsilon$。

E_{ax}、E_{ay} 都是线性分布,见图 8-16。

土边坡稳定的分析

一、土坡滑动失稳机理

工程实际中的土坡包括天然土坡和人工土坡。天然土坡是指天然形成的山坡和江河湖海的岸坡,人工土坡则是指人工开挖基坑、基槽、路堑或填筑路堤、土坝形成的边坡。

土坡滑动失稳的原因一般有以下两类情况:

(1)外界力的作用破坏了土体内原来的应力平衡状态。如基坑的开挖,由于地基内自身重力发生变化,改变了土体原来的应力平衡状态;又如路堤的填筑、土坡顶面上作用外荷载、土体内水的渗流、地震力的作用也都会破坏土体内原有的应力平衡状态,导致土坡坍塌。

(2)土的抗剪强度由于受到外界各种因素的影响而降低,促使土坡失稳破坏。如外界气候等自然条件的变化,使土时干时湿、收缩膨胀、冻结、融化等,从而使土变松,强度降低;土坡内因雨水的浸入使土湿化,强度降低;土坡附近因打桩、爆破或地震力的作用将引起土的液化或触变,使土的强度降低。

二、砂性土土坡的稳定分析

根据实际观测,由均质砂性土构成的土坡,破坏时滑动面大多近似于平面。成层的非均质的砂类土构成的土坡,破坏时的滑动面也往往近于一个平面,因此,在分析砂性土的土坡稳定时,一般均假定滑动面是平面。

如图 8-17 所示的简单土坡,已知土坡高为 H,坡角为 β,土的重度为 γ,土的抗剪强度 $\tau_f = \sigma\tan\varphi$。若假定滑动面是通过坡脚 A 的平面 AC,AC 的倾角为 α,则可计算滑动土体 ABC 沿 AC 面上滑动的稳定安全系数 K 值。

沿土坡长度方向截取单位长度土坡,作为平面应变问题分析。已知滑动土体 ABC 的重力为:

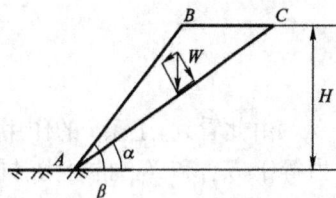

图 8-17 砂土土坡稳定分布

$$W = \gamma \times (\Delta ABC)$$

W 在滑动面 AC 上的平均法向分力 N 及由此产生的抗滑动力 T_f 为:

$$N = W\cos\alpha$$

$$T_f = N\tan\varphi = W\cos\alpha\tan\varphi$$

W 在滑动面 AC 上产生的平均下滑力 T 为:

$$T = W\sin\alpha$$

土坡的滑动稳定安全系数 K 为:

$$K = \frac{T_f}{T} = \frac{W\cos\alpha\tan\varphi}{W\sin\alpha} = \frac{\tan\varphi}{\tan\alpha} \tag{8-46}$$

安全系数 K 随倾角 α 而变化,当 $\alpha = \beta$ 时,滑动稳定安全系数最小。据此,砂性土坡的滑动稳定安全系数 K 可取为:

$$K = \frac{\tan\varphi}{\tan\beta} \qquad\qquad (8\text{-}47)$$

工程中一般要求 $K > 1.25 \sim 1.30$。

上述安全系数公式表明,砂性土坡所能形成的最大坡角就是砂土的内摩擦角,根据这一原理,工程上可以通过堆砂锥体法确定砂土的内摩擦角(即天然休止角)。

三、黏性土土坡稳定分析的条分法

费伦纽斯等提出了黏性土土坡稳定分析的条分法。

1. 条分法的基本原理

如图 8-18 所示土坡,取单位长度土坡按平面问题计算。设可能的滑动面是一圆弧 AD,其圆心为 O,半径为 R。将滑动土体 $ABCDA$ 分成许多竖向土条,土条宽度一般可取 $b = 0.1R$,任一土条 i 上的作用力包括:土条的重力 W_i,其大小、方向及作用点都已知;滑动面 ef 上的法向反力 N_i 及切向反力 T_i,假定 N_i、T_i 作用在滑动面 ef 的中点,它们的大小都未知;土条两侧的法向力 E_i、E_{i+1} 及竖向剪切力 X_i、X_{i+1},其中 E_i 和 X_i 可由前一个土条的平衡条件求得,而 E_{i+1} 和 X_{i+1} 的大小未知,E_{i+1} 的作用点位置也未知。

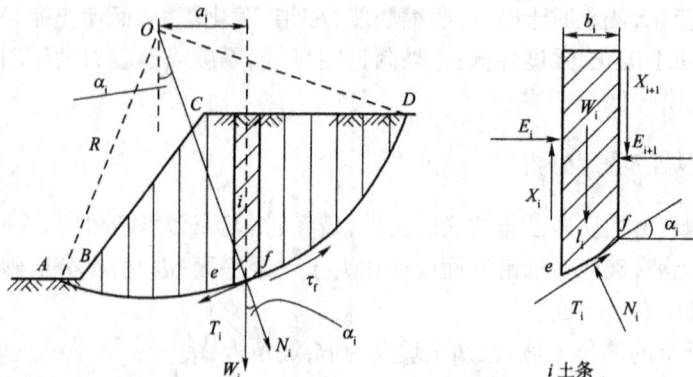

图 8-18　土坡稳定分析条分法

由此看到,土条 i 的作用力中有 5 个未知量,属超静定问题。费伦纽斯假定 E_i 和 X_i 的合力等于 E_{i+1} 和 X_{i+1} 的合力,同时它们的作用线重合,因此,土条两侧的作用力相互抵消。这时土条 i 仅有作用力 W_i、N_i 及 T_i,根据平衡条件可得:

$$N_i = W_i \cos\alpha_i$$
$$T_i = W_i \sin\alpha_i$$

滑动面 ef 上土的抗剪强度为:

$$\tau_{fi} = \sigma_i \tan\varphi_i + c_i$$
$$= \frac{1}{l_i}(N_i \tan\varphi_i + c_i l_i) = \frac{1}{l_i}(W_i \cos\alpha_i \tan\varphi_i + c_i l_i)$$

式中:α_i——土条 i 滑动面的法线(即半径)与竖直线的夹角(度);

$\quad\ l_i$——土条 i 滑动面 ef 的弧长(m);

$\quad\ c_i$、φ_i——滑动面上土的黏聚力(kN/m^2)及内摩擦角($°$)。

土条 i 上的作用力对圆心 O 产生的滑动力矩 M_s 及抗滑力矩 M_r 分别为:

$$M_s = T_i R = W_i \sin\alpha_i$$
$$M_r = \tau_{fi} l_i R = (W_i \cos\alpha_i \tan\varphi_i + c_i l_i) R$$

整个土坡相应于滑动面 AD 时的稳定安全系数为：

$$K = \frac{M_r}{M_s} = \frac{\sum\limits_{i=1}^{n}(W_i \cos\alpha_i \tan\varphi_i + c_i l_i)}{W_i \sin\alpha_i} \tag{8-48}$$

2. 最危险滑动面圆心位置的确定

上述稳定安全系数 K 是对于某一个假定滑动面求得的，因此需要实算许多个可能的滑动面，相应于最小安全系数的滑动面即为最危险滑动面。也可以根据费伦纽斯等提出的近似方法确定最危险滑动面圆心的位置。但当坡形复杂时，一般还是采用电算搜索的方法确定。

知识检验

1. 土的抗剪强度是由什么决定的？无黏性土与黏性土有何区别？

2. 什么是土的极限平衡条件？其在工程上有何应用？

3. 何为地基承载力？有哪几种确定方法？

4. 土压力有哪几种？影响土压力大小的因素是什么？

实战演练

1. 已知地基中某一点所受的最大主应力 $\sigma_1 = 600\text{kPa}$，最小主应力 $\sigma_3 = 100\text{kPa}$。要求：①绘制莫尔应力圆；②求最大剪应力值和最大剪应力作用面与大主应力面的夹角；③计算作用在与小主应力面成 $30°$ 的面上的正应力和剪应力。

2. 某土样内摩擦角 $\varphi = 23°$，$c = 18\text{kN/m}^2$，土中大主应力和小主应力分别为 $\sigma_1 = 300\text{kPa}$、$\sigma_3 = 120\text{kPa}$，试判断土样是否达到极限平衡状态。

3. 已知某挡土墙高度 $H = 8.0\text{m}$，墙背竖直、光滑，填土表面水平。墙后填土为中砂，重度 $\gamma = 18.0\text{kN/m}^3$，饱和重度 $\gamma_{sat} = 20.0\text{kN/m}^3$，内摩擦角 $\varphi = 30°$。要求：①计算作用在挡土墙上的总静止土压力 E_0，总主动土压力 E_a；②挡墙后土体中地下水位上升至离墙顶 4.0m 时，计算总主动土压力 E_a 与水压力 E_w。

附录 一般性地质符号

一、地层、岩性符号

1. 地层年代符号及颜色(附表1)

界	系		
新生界 K_z	第四系 Q		黄色
	第三系 R(橙色)	晚第三系 N	淡橙色
		早第三系 E	深橙色
中生界 M_z	白垩系 K		草绿色
	侏罗系 J		蓝色
	三叠系 T		紫色
古生界 P_z	二叠系 P		棕色
	石炭系 C		灰色
	泥盆系 D		褐色
	走留系 S		靛青色
	奥陶系 O		深蓝色
	寒武系 ∈		橄榄绿色
元古界 P_t	震旦系 Z		蓝灰色
	太古界 A_r		

2. 岩性符号

1)岩浆岩

r	花岗岩	r_π	花岗斑岩	λ	流纹岩
δ	闪长岩	δ_π	闪长斑岩	α	安山岩
υ	辉长岩	υ_π	辉绿岩	β	玄武岩

2)沉积岩

C_g	砾岩	S_s	砂岩	S_n	页岩
b_{te}	角砾岩	M_s	泥灰岩	L_s	石灰岩

3) 变质岩

 片麻岩　　　 片岩　　　 千枚岩

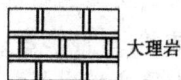 板岩　　　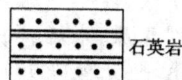 大理岩　　　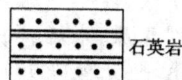 石英岩

二、地质构造符号

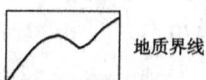 地质界线　　　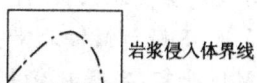 岩浆侵入体界线　　　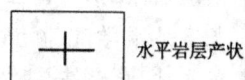 水平岩层产状

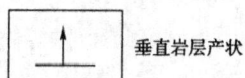 垂直岩层产状　　　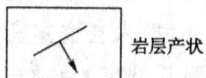 岩层产状　　　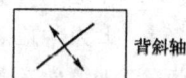 背斜轴

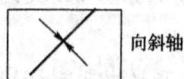 向斜轴　　　 倾伏背斜轴　　　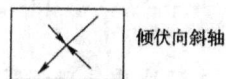 倾伏向斜轴

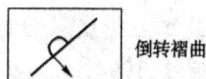 倒转褶曲　　　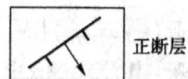 正断层　　　 逆断层

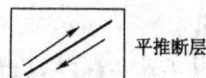 平推断层　　　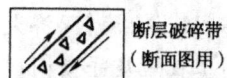 断层破碎带（断面图用）　　　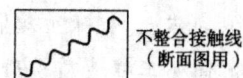 不整合接触线（断面图用）

参考文献

[1] 李瑾亮.地质与土质[M].北京:人民交通出版社,1995.

[2] 刘春原,朱济祥,郭抗美.工程地质学[M].北京:中国建筑工业出版社,2000.

[3] 李斌.公路工程地质[M].北京:人民交通出版社,1986.

[4] 高大钊,袁聚云.土质学与土力学(第三版)[M].北京:人民交通出版社,2001.

[5] 孟祥波,朱建德.土质学与土力学[M].北京:人民交通出版社,2004.

[6] 洪毓康.土质学与土力学(第二版)[M].北京:人民交通出版社,2002.

[7] 长春地质学院.矿产地质基础(上、下册)[M].北京:地质出版社,1979.

[8] 苏文才,朱积安.基础地质学[M].北京:高等教育出版社,1990.

[9] 地质矿产部地质辞典办公室.地质辞典[M].北京:地质出版社,1983.

[10] 王经义.土力学地基与基础[M].北京:人民交通出版社,1998.

[11] 杜恒俭.地貌学及第四纪地质学[M].北京:地质出版社,1978.

[12] 中华人民共和国行业标准 JTJ 064—98 公路工程地质勘察规范[S].北京:人民交通出版社,1999.

[13] 工程地质手册编写组.工程地质手册(第二版)[M].北京:中国建筑工业出版社,1987.

[14] 张咸恭,李智毅,郑达辉,王日国.专门工程地质学[M].北京:地质出版社,1988.

[15] 工程地质手册编委会.工程地质手册(第三版)[M].北京:中国建筑工业出版社,1992.

[16] 岩土工程手册编委会.岩土工程手册[M].北京:中国建筑工业出版社,1994.

[17] 林宗元.岩土工程试验监测手册[M].沈阳:辽宁科学技术出版社,1994.

[18] 孔宪立.岩体工程地质及其灾害[M].上海:同济大学出版社,1993.

[19] 简明工程地质手册编委会.简明工程地质手册[M].北京:中国建筑工业出版社,1998.

[20] 陈希哲.土力学地基基础[M].北京:清华大学出版社,1993.

[21] 李广信.高等土力学[M].北京:清华大学出版社,1992.

[22] 中华人民共和国行业标准 JTG D30—2004 公路路基设计规范[S].北京:人民交通出版社,2004.

[23] 中华人民共和国行业标准 JTG B01—2003 公路工程技术标准[S].北京:人民交通出版社,2004.

[24] 中华人民共和国行业标准 JTG D63—2007 公路桥涵地基与基础设计规范[S].北京:人民交通出版社,2007.

[25] 中华人民共和国行业标准 JTG D60—2004 公路桥涵设计通用规范[S].北京:人民交通出版社,2004.